谨将本书献给
为技能人才队伍建设做出贡献的人们

技能的风采

2011—2020 针织行业操作工职业技能竞赛荟萃（技术与技能）

林光兴◎著

中国纺织出版社有限公司

内 容 提 要

　　从2011年开始，连续10年，针织行业纬编工、横机工、经编工职业技能竞赛依次连续举行。赛事的主要流程是：深入开展群众性岗位练兵和职业培训，全面推行行业技能标准，系统总结推广先进实用的操作法，推出一批行业能手。竞赛是培育新时代工匠的大规模行动，产生了良好的社会影响和行业示范效应。本书以技能培育为主线，生动记录了10年竞赛的主要过程和要点，系统总结了其中的基本经验和规律，可为制造业开展行业技能人才培育工作提供借鉴。

图书在版编目（CIP）数据

技能的风采：2011—2020针织行业操作工职业技能竞赛荟萃：技术与技能 / 林光兴著 . -- 北京：中国纺织出版社有限公司，2022.10

　ISBN 978-7-5180-9525-4

Ⅰ . ①技… 　Ⅱ . ①林… 　Ⅲ . ①针织工业 - 职业技能 - 竞赛 - 汇编 - 中国 -2011—2020 　Ⅳ . ① TS18

中国版本图书馆 CIP 数据核字（2022）第 082929 号

JINENG DE FENGCAI:
2011—2020 ZHENZHI HANGYE CAOZUOGONG ZHIYE JINENG
JINGSAI HUICUI:JISHU YU JINENG

责任编辑：孔会云　朱利锋　责任校对：楼旭红　责任印制：王艳丽

中国纺织出版社有限公司出版发行
地址：北京市朝阳区百子湾东里 A407 号楼　邮政编码：100124
销售电话：010—67004422　传真：010—87155801
http://www.c-textilep.com
中国纺织出版社天猫旗舰店
官方微博 http://weibo.com/2119887771
北京华联印刷有限公司印刷　各地新华书店经销
2022 年 10 月第 1 版第 1 次印刷
开本：787×1092　1/16　印张：8.5
字数：156 千字　定价：88.00 元

前言

技能人才队伍建设是行业的时代课题，针织业先行一步。

从2011年开始，连续10年，由中国纺织工业联合会等单位主办，中国针织工业协会承办的纺织行业"佰源杯""日发杯"纬编工、"龙星杯""睿能杯"横机工、"润源杯""佶龙杯"经编工职业技能竞赛隆重举行，全面推进针织行业群众性岗位练兵、区域性职业培训和全行业技能人才选拔工作，产生了良好的社会影响和行业示范效应。

纬编工、横机工、经编工三大职业的竞赛每年举办一种，三年一个轮回，从2014年开始被列入国家级二类竞赛。每次竞赛从行业调研、宣传发动、区域选拔、省市预赛到全国决赛历时7～10个月，数以几十万计的职工直接或间接参与，在行业中影响很大。竞赛过程中蓬勃开展的活动至少有两个亮点：一是培训与交流，在企业层面、区域（特别是产业集群）层面与省市层面，推行行业技能标准和基本操作规程；二是选拔与推广，层层选拔优秀选手，总结推广先进实用的操作法，探索人才队伍建设的方法。可以说，竞赛是培育新时代工匠的大行动，是行业的大事、盛事。

随着竞赛组织水平的不断提高，竞赛围绕懂技术、会创新操作工培养的全流程内容越来越丰富，竞赛对于行业高质量发展起到了重要的推动作用，同时充分展示了针织产业工人的时代风采。新时代，新格局，需要新思路，本书力图生动展示竞赛全过程的主要事件，包括技术层面的、全行业层面的，还包括实际发生的、参与者共同感受的，力图深入总结针织操作技能培养的新思路、新方法。

针织行业是最早推行行业职业技能标准的制造业行业之一，这10年的全国职业技能竞赛又把操作工队伍建设推向了新的高度。针织行业有许多东西值得总结，需要总结。

希望本书展现的行业之魂，对行业管理工作、行业协会工作有借鉴作用；对竞赛基本经验和规律的系统总结，能为制造业开展技能人才培育提供借鉴。

林光兴

2020年12月12日·浙江新昌

目录

第一篇 2011年全国纺织行业"佰源杯"纬编工职业技能竞赛

"十一五"期间，针织行业取得快速发展，特别是技术装备取得长足进步。2010年，针织行业规模以上企业工业总产值、销售产值、利润总额均比2005年翻了一番。2010年针织服装及附件出口比2005年增长了116%。在针织行业规模以上企业中，纬编企业的工业总产值、销售产值占针织行业的70%以上。

1996年，"九五"伊始，中国针织工业协会正式提出并持续推进行业人才（包括技能人才）队伍建设，职业技能竞赛就是推动技能人才队伍建设的重要举措。2011年，行业继续推进高技能人才队伍培养工程、高水平教练员裁判员培育工程。

第一章 流程创始探索

本次竞赛是新形势下对行业协会开展职业技能竞赛的探索。

一、竞赛的背景和目的

大圆机是纬编针织行业的首要机种，圆机的发展趋势是筒径30英寸（1英寸=2.54cm）和34英寸以上比重大幅上升，数量占比增多。电脑提花、电脑控制大圆机有所增加，有力地推动了纬编产品开发和劳动生产率的提高。在此背景下，需要通过全国大赛提升操作工整体技能。

国际顶级大圆机制造企业研发实力强，影响力大，设计代表国际方向；机械制造精度高，电脑控制提花、整机性能都处于领先。我国针织机械自主研发能力和制造水平迅速提高，出现制造水平领先于行业的企业，有的企业有望领先国际。国产大圆机性能有的达到国际先进，电子提花、电子控制的机型在一些领域也达到国际先进水平。随着国产大圆机整体性能提升，针织行业大量采用国产设备。本次竞赛决定决赛采用国产设备，旨在提升国产机操作水平和引导国产机的开发。

针织行业从事纬编操作的工人数在100万以上，其中从事大圆机及相关操作的工人数在80万以上。纬编工技术熟练程度差异较大，熟练工严重不足，全能型人才比重偏低，这些都制约了行业的可持续发展。竞赛的目的是提高纬编工的综合素质，培育操作技能人才，创造和谐稳定的劳动关系。

二、竞赛的组织方案

（一）竞赛职业、采用机型

竞赛职业：纬编工（大圆机操作），职业编码：6-04-04-01；采用机型：选拔、预赛采用各种类型的大圆机，决赛固定机型。

纬编工定义：使用圆纬机、织袜机等纬编设备，采用计算机等进行图案打样，采用手工或借助工具进行穿纱等辅助操作，将纱线编织成坯布、衣片或袜子的人员。

（二）考评员培训

纺织行业职业技能鉴定指导中心与中国针织工业协会共同组织考评员培训，培训考评员30名，按省市分配名额。

（三）竞赛教材

中国针织工业协会组织专家在《纬编操作工职业技能培训教程》（林光兴编著，1996版及2005/2006版）基础上，以1996版框架为指导，编写《大圆机操作工培训教材》，作为2011年全国纺织行业纬编工职业技能竞赛培训教材。1996年正式出版的《纬编操作工职业技能培训教程》与后来的《纬编操作教程》《针织大圆机操作教程》《大圆机操作工职业技能培训教材》为各有侧重系列教材。

（四）选拔方式

竞赛分预赛和决赛两个阶段。预赛由各省市组委会在当地组织，包括：企业预赛、区域和产业集群预赛、省市预赛，层层选拔优秀选手。

（五）参赛人员

各类纬编工均可参加。

（六）比赛内容

理论知识（应知）考试占总成绩的30%，实际操作（应会）考核占总成绩的70%。

（七）评审裁判

裁判组负责理论知识考试和实操考核的命题和成绩的评定。裁判员由各主要省市推荐作风好、技术精、经验丰富、取得考评员资格的人员，由组委会任命。组委会组织裁判员、教练员制订比赛方案，统一比赛标准，统一执裁尺度。

（八）参赛规模

始于企业选拔，预赛直接参赛人数约40万；区域（包括产业集群、地市等）选拔规模约8万人；省级选拔规模超过1万人。

（九）决赛名额

按各省市纬编行业的总产值（规模）分配各省市进入总决赛的名额，适当照顾中西部地区。初步确定参加总决赛的名额为80名。

三、竞赛的进度安排

为确保竞赛的广泛性和影响力，竞赛持续时间定为7~9个月。具体时间安排：

2011年5~7月：行业调研、资料准备；

2011年6~8月：组织专家制订预赛规则、比赛方案、评定标准；

2011年6~10月：开展岗位练兵、技术交流，探讨操作规程，开展培训；

2011年7月：举办考评员和裁判员培训、比赛用设备选型与机台配置研讨；

2011年8~10月：组织预赛；

2011年10~11月：预赛总结，确定决赛方案、比赛程序；

2011年11月底或12月：全国决赛，竞赛总结，提出改进建议。

第二章　预赛层层推进

一、全行业职业技能培训

本次全国竞赛宣贯讲解《纬编工行业职业技能标准》（又名《纬编工职业技能行业标准》，以1996年首次正式发布版为基础）中的初级工（重点）、中级工、高级工内容，介绍技师内容；第二次全国竞赛宣贯讲解中级工（重点）、高级工（重点）、技师内容，介绍高级技师内容；第三、第四次全国竞赛宣贯讲解高级工、技师（重点）、高级技师（重点）内容。

（一）选拔过程培训

为提升行业操作工职业技能水平，同时配合针织行业纬编工职业技能竞赛，中国针织工业协会开展各种形式的培训，包括定点巡回、讲解、讲座。专家组帮助参赛选手系统了解本次大赛相关要求，普及纬编工职业技能标准，根据培训教材，结合企业生产实际，重点介绍针织基本知识、大圆机基础知识；大圆机毛坯布质量指标、毛坯布疵点及其成因；大圆机操作规程和岗位职责等，普及先进工艺技术。

（二）针对决赛的培训

中国针织工业协会专家组织一批行业专家深入企业，从岗位练兵到职业培训，从理论考察到实操考核，进行针对性培训，讲解针织专业知识。针织行业在2006成立的"圆机设备制造与运转操作互进研究"专家组，持续开展工作，针对本次全国竞赛，工作重点是将近年来的成果应用到完善比赛标准、服务行业培训方面。

二、各级选拔与省市预赛

为了鼓励选手和企业的参赛积极性，各地制订奖励办法、激励机制。在各地组委会的支持下，行业专家从5月开始开展了行业职业技能标准推广、各主要工种的操作交流、区域性的技术比武和针对性岗位培训等系列活动。不少企业认为，目前工人技术熟练程度差异较大，竞赛是培养高技能工人的有效方法。主要预赛介绍如下（以举办时间为序）：

（一）山东预赛

2011年10月18～21日，由山东省人力资源和社会保障厅、山东省纺织工业协会、山东省轻工纺织工会委员会主办，青岛即发集团股份有限公司承办的山东省针织行业纬编工职业技能大赛在青岛进行，拉开了2011年纬编工竞赛活动省市预赛的帷幕。面对这样的比赛机会，纬编企业积极响应。40余名优秀选手在两路穿纱、换坏针、套布、找错纱、接尾纱等项目展开竞技，展示了精湛的技艺。

第一天上午进行理论知识考试，下午由参赛选手熟悉比赛用机器。后两天进行操作比赛，共分6项内容进行，每个选手单独进行，并由3位裁判根据选手完成的时间和效果进行评分。在比赛之前，很多选手就在不断地进行练习，并让其他选手为自己计算时间。操作工认为，虽然平时做了成千上万遍的事，可到了比赛还会出错，如何在做到更快的同时做到更好，能够节约1s都会感到兴奋。

（二）北京选拔赛

10月27日，为促进北京针织行业广大职工职业技能水平的进一步提高，培养全面发展的新一代纺织工人，2011年北京市针织行业纬编工职业技能大赛暨全国针织行业纬编工职业技能大赛选拔赛在北京铜牛股份有限公司举行。大赛得到了企业的广泛参与，参加决赛的20名优秀选手平均年龄为24岁。作为新一代的针织员工，他们十分珍惜这次难得的学习锻炼机会。比赛中，选手们以高超的技能、娴熟的技艺，努力展示自己，赛出了风格、赛出了水平。比赛参照《2011年北京市针织行业纬编工职业技能速度和质量评分方法》进行评分。项目包括通过理论考试和两路穿纱、换坏针、套布、找错纱、接纱、落布6个项目的实操考核。

（三）浙江选拔赛

浙江省选拔赛于11月3～6日在嘉兴市举行，由浙江省针织行业协会会同工会和人力资源部门组织实施。经过企业选拔，代表各个区域的80余名选手参赛。实操环节按照《2011年全国纺织行业纬编工职业技能竞赛浙江省选拔赛操作规程和评分办法》进行，理论考试依据行业教材《纬编操作基础教程》。第一天进行技术培训和适应机台，第二天进行理论考试和技术研讨、交流，第三天进行实操竞技和竞赛总结。实操考核在4对单双面大圆机中分组展开穿纱、换针、找错纱、套布、接纱等单项操作比赛。

（四）福建选拔赛

福建省纺织行业协会于7～9月通过巡回讲解宣传本次大赛精神，激发职工学知识、比操作的热情，企业纷纷报名参加选拔。9～10月在南平、晋江、泉州举行选拔赛，同时举行区域预赛，竞赛规模较大。11月5～7日，在泉州举行全省选拔赛及职业技能培训，许多选手展现了较高的操作水平，有的操作法技术含量领先于行业。参赛选手认为，由于企业间平常来往很少，这次系列赛事为企业提供相互交流、促进了解的平台。竞赛的重要工作：请行业专家进行全程具体评判和技术讲解。

（五）上海选拔赛

上海市选拔赛于11月23日在三枪集团举行。为了提高选手和企业参赛的积极性，相关部门根据本次大赛特点制订奖励办法、激励机制。经过前期的选拔，来自三枪、嘉乐、嘉麟杰等企业的选手角逐最终进入全国决赛的6个名额。参赛选手认为，技术提高，劳动生产率就提高，对于实行计件制的员工就可以拿到更高的工资。所以竞赛很受欢迎。

上海内衣协会目前有126家会员单位，会员单位一直重视操作工培训。三枪集团每年都开展技术比武，拥有一套较为完善的竞赛实施方法。

（六）江西选拔赛

江西省培训与选拔赛于11月24～25日在南昌市青山湖区举行。选拔赛组织者邀请行业专家进行专业讲解，特别是采用行业职业技能标准和操作工基本知识与技能要求，对参赛选手举行系统培训，根据本次全国比赛的规则对选手进行实操指导。各地企业举办选拔赛，许多企业开展岗位练兵和技术交流等活动，把这次选拔赛作为提高产品质量和劳动生产率的好办法。选拔赛还进行相关的活动，如企业技术诊断、企业职业技能提升研讨、操作规范与成品质量的研讨以及集群地区技能人才队伍建设的交流。

（七）江苏选拔赛

江苏省选拔赛由江苏省针织行业协会主办，无锡林科服饰有限公司承办，于11月25～26日在江阴市祝塘镇举行。无锡、苏州、常州、盐城、南通、昆山、常熟等地以及主要产业集群开展选拔。选手认为，参赛本着交流经验、取长补短的目的，一方面考量自己的操作水平，另一方面向优秀选手学习。大赛理论考试按照行业教材《纬编工基础教程》出题，采用100分制，选手最高分达到99分，80%的选手成绩在90分以上。穿纱、换针、找错纱、套布等操作也表现出了高水平。祝塘镇领导认为，竞赛是对祝塘镇承接产业转移的一次预演，比赛目的是造就一支高素质"蓝领"队伍。

组委会对赛事全面报道，特别报道省市选拔赛的做法、经验和成果，图1-1为竞赛组委会为福建选拔中开展职业技能巡回讲解活动印发的简报。

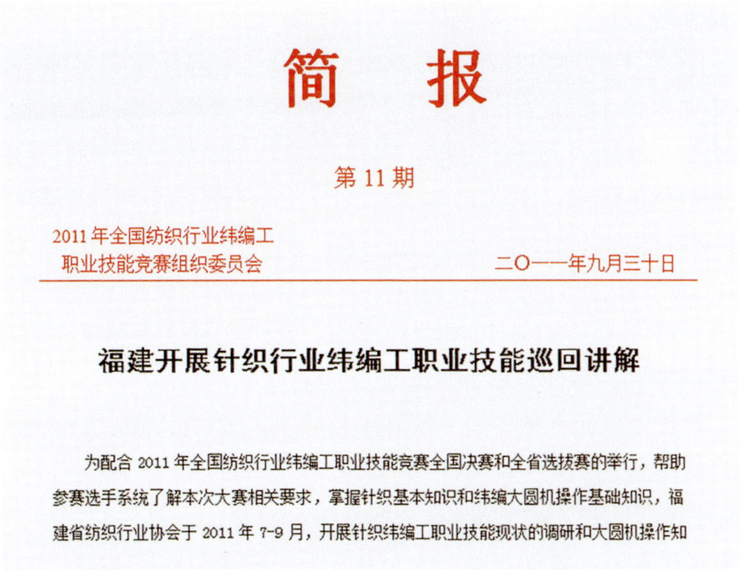

简　报

第 11 期

2011年全国纺织行业纬编工
职业技能竞赛组织委员会　　　　二〇一一年九月三十日

福建开展针织行业纬编工职业技能巡回讲解

为配合2011年全国纺织行业纬编工职业技能竞赛全国决赛和全省选拔赛的举行，帮助参赛选手系统了解本次大赛相关要求，掌握针织基本知识和纬编大圆机操作基础知识，福建省纺织行业协会于2011年7-9月，开展针织纬编工职业技能现状的调研和大圆机操作知

图1-1　竞赛组委会印发的简报

第三章　决赛有序展开

一、优胜选手（前30名）

1. 杨敬双，青岛即发集团控股有限公司；2. 陈军，新会冠华针织有限公司；3. 陈恩树，广州锦兴纺织漂染有限公司；4. 于发先，青岛华诺针织有限公司；5. 韦菊燕，新会冠华针织有限公司；6. 蓝传杰，青岛颐和针织有限公司；7. 陈涛江，江阴启新纺织有限公司；8. 姜正涛，青岛华诺针织有限公司；9. 王琨，青岛即发集团股份有限公司；10. 邵威力，青岛颐和针织有限公司；11. 杨敬刚，青岛即发集团控股有限公司；12. 张鑫，青岛贵华针织有限公司；13. 谢华本，青岛贵华针织有限公司；14. 李碧琴，江阴启新纺织有限公司；15. 郭昌明，广东溢达纺织有限公司；16. 刘奇，福建省菲奈斯制衣有限公司；17. 徐海涛，青岛即发集团股份有限公司；18. 王秀云，北京铜牛集团有限公司；19. 张宝红，福建凤竹集团有限公司；20. 杨苗苗，山东魏桥恒富针织印染有限公司；21. 范桃桃，北京铜牛股份有限公司；22. 程红丽，福建凤竹纺织科技股份有限公司；23. 朱海华，广东溢达纺织有限公司；24. 张叶，山东省魏桥创业集团邹魏针织厂；25. 赵小勤，江苏新泰针织有限责任公司；26. 李新，山东省魏桥创业集团邹魏针织厂；27. 程伟锋，广州锦兴纺织漂染有限公司；28. 张荣建，北京铜牛集团有限公司；29. 林丽明，泉州海天材料科技股份有限公司；30. 董影，福建凤竹纺织科技股份有限公司。

二、操作评判

（一）两路穿纱

操作流程：保全工清理输线器上的纱线，纱线一头留在瓷眼上部，梭子上的另一头长度根据选手要求留（位置在布中央）。选手听口令开始，按工艺流程穿纱，纱线在储纱器上缠绕不少于20圈，不多于30圈，与搭在梭子上的另一头打结，打结头纱尾长度不超过5mm，断纱指示灯灭，手动或点动机器，结头在梭子前，灯灭停车结束。基准时间60s。

质量评判：1. 不符合工艺路线，较少；2. 纱线在储纱器上缠绕少于20圈（取消时间加分），多于30圈，较少；3. 以捻纱代接纱，无；4. 结头尾纱长度超过5mm（含毛羽），有；5. 接头双扣，较少；6. 裁判员点动设备接的纱头断开或该路断纱指示灯再度亮起，较少；7. 操作中碰断其他纱线（接好不扣分），无；8. 结头进入织针，无。

（二）换坏针（2枚）

操作流程：2枚坏针中，上针盘1枚为掉针头，布面出现漏针；下针筒1枚为小针头（28G），布面出现直条。漏针在前，小头针在后，两枚针间隔20cm左右。漏针在针门的对面一侧（布中央，疵点出筒口可见处停车）。上下新针各1枚放在台面针盒内供选手更换。选手手动、点动机器，找到疵点，打亮灯两路，打开针门，换上新针，有问题的织针放在台面上的针盒内，不允许扔在地上，关上针门，拧紧针门。换针结束后，手动、点动机器，机台运转，到规定位置，停车结束。基准时间140s。

质量评判：1. 未找出或找错（取消时间加分），这种情形较多；2. 针门没有拧紧（针门不晃动即可），这种情形较少；3. 坏针未放在针盒内，没有这种情形；4. 换针（上针）旁边出漏针，有这种情形；5. 下针出漏针（包括旁边）、洞眼、长套（取消时间加分），这种情形较少；6. 机器未运转到规定位置，没有这种情形。

（三）套布

操作流程：在针门左侧（第四路断1根纱，梭子抬起1个）掉布宽10cm（在卷布反面正中央）。选手套布，方法不限，套好后，手动、点动机器。机台正常运转超过操作位置，停车结束。基准时间140s。

质量评判：1. 扎手，没有这种情形；2. 坏针，花针，稀密针，没有这种情形；3. 漏针（超过5cm），这种情形较少；4. 机台没有正常运转，超过操作位置，没有这种情形；5. 正常运转时轧针或冒布，这种情形较少。

（四）找错纱

操作流程：保全工按裁判员要求选一根JC40英支换上，开机织到横路出筒口可见时停车，正常纱放在控制面板上的台面上。选手入场，根据布面出现的横路，找出相应的错纱，方法不限，将错纱更换成正常纱线，正常开机运转至少一周，错纱放到控制面板的台面上，完成操作。基准时间150s。

质量评判：1. 正常开机运转不到一周，这种情形较少；2. 错纱未放到控制面板的台面上，这种情形较少；3. 未找出错纱（取消时间加分），这种情形较少。

（五）接纱（5个纱筒）

操作流程：机台正常运转，选手做准备工作，将5只纱筒放在外圈纱架上（包括小纱的预留纱头长度，准备大纱的纱头位置）。选手示意可以开始，听裁判员口令，开始找大纱纱头，并与小纱筒子上预留的纱头接好。打结头纱尾长度不超过5mm。基准时间45s。

质量评判：1. 结头尾纱长度超过5mm（含毛羽），这种情形较少；2. 结头不牢（结头边断开不计），有这种情形；3. 纱打捻，没有这种情形；4. 碰断旁边纱线（取消时间加分），没有这种情形；5. 漏接（取消时间加分），有这种情形。

决赛突出问题：五个单项参赛选手成绩差异较大，不少选手因操作失误而被扣分较多，部分选手操作时间明显超出基准时间。

三、技术特点

从各级预赛到全国决赛，从岗位练兵到职业培训，从知识考试到实操考核，都围绕操作的应会环节，突出四个方面能力：

（1）穿纱，重在手法正确；

（2）换针与找错纱，重在分析判定错纱、错针和更换方法；

（3）单面套布，重在鼓励采用科学有效的多种方法；

（4）纱线张力等调节，重在维护生产工艺流程的实施及产品的质量保障。

四、总体评判

（1）穿纱，多数选手做到操作手法正确且速度快；

（2）换针与找错纱，一些选手判定失误或者判断的方法出错；

（3）单面套布，多数选手做到操作方法多且熟练，但操作速度有差异；

（4）纱线张力等调节，部分选手对纱线及其他各类调节的分析理解不够全面。

第四章　选拔亮点纷呈

一、各地培训

　　各地开展多种形式的岗位练兵、操作比武和技术交流活动，突出基本动作的正确性、准确性，突出生产实际中常用的操作方法或者需要提升的操作方法。主要操作项目有多种机型的换针（图1-2）、换纱和接纱（图1-3）、绕输线轮和处理断纱（图1-4）等。企业开展内部培训，进行技术交流（图1-5）、理论考试（图1-6）等环节，区域选拔都要组织理论考试（图1-7），进行实操测试（图1-8）。

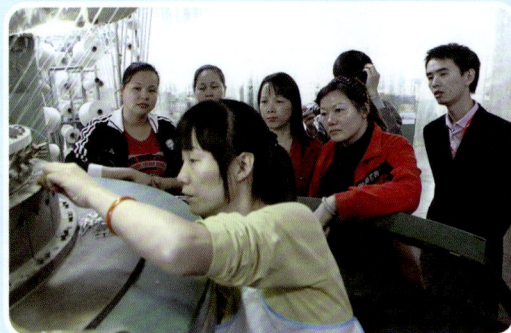

图1-2　多种机型的换针

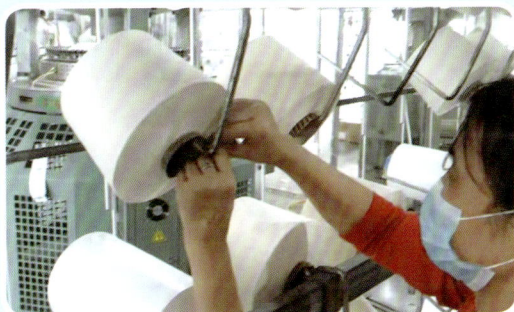

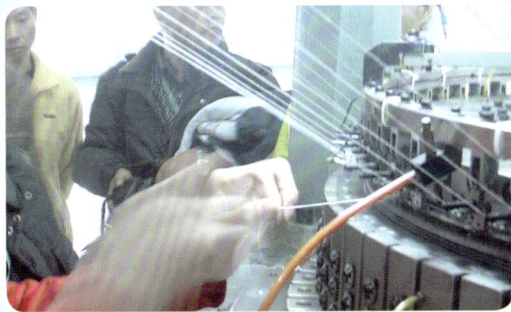

图1-3　换纱和接纱

图1-4　绕输线轮和处理断纱

图1-5　企业内部培训之技术交流

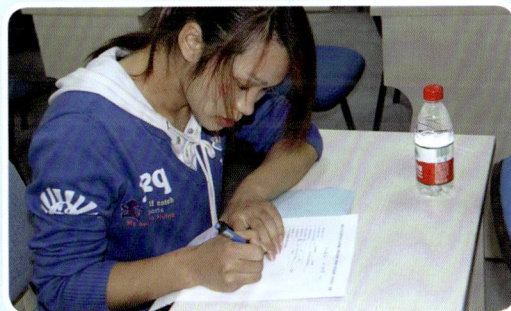

图1-6　企业内部培训之理论考试

图1-7　区域选拔之理论考试

图1-8　区域选拔之实操测试

二、各地选拔

在企业选拔和区域（包括集群）选拔的基础上，举行省市选拔。北京（图1-9）、河北（图1-10）、上海（图1-11）、江苏（图1-12）、浙江（图1-13）、福建（图1-14）、山东（图1-15）、湖北（图1-16）等14个省市开展预赛或者选拔赛。选拔赛的操作项目通常多于全国决赛的项目，操作难度要求不低于决赛，同时鼓励采用多种机型。

中国针织工业协会专家带领行业专家评估各主要省市选拔赛的成绩（操作速度、扣分情况），提出决赛选手操作流程建议及各地决赛选手数量分配的修正建议。

图1-9　北京选拔赛

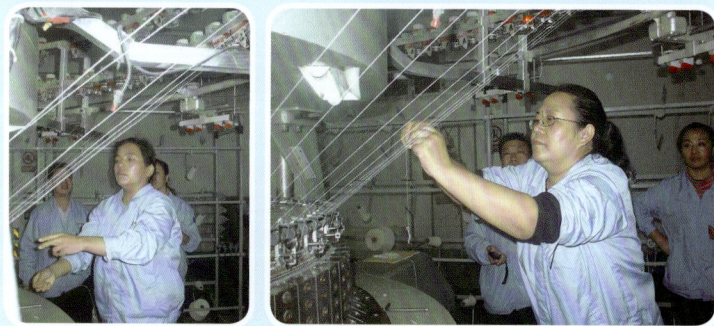

图1-10　河北选拔赛

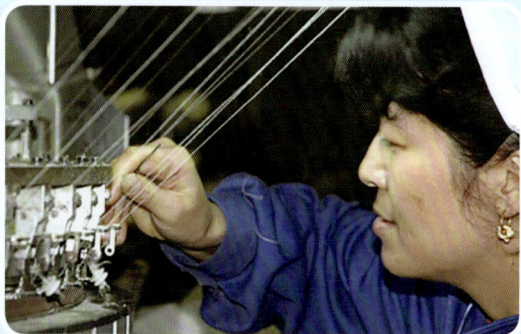

图1-11　上海选拔赛

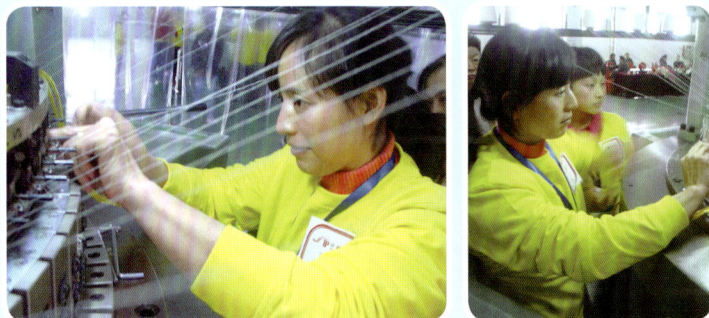

图1-12 江苏选拔赛

图1-13 浙江选拔赛

图1-14

图1-14　福建选拔赛

图1-15　山东选拔赛

图1-16　湖北选拔赛

第二篇　2012年全国纺织行业"龙星杯"横机工职业技能竞赛

2011年，针织行业克服了国际市场低迷、原料价格大幅波动等不利因素影响，实现稳步较快增长，实现"十二五"的较好开局。2011年针织行业（规模以上企业）实现主营业务收入5764.99亿元，同比增长22.22%；利润总额达到288.15亿元，同比增长17.17%；实现工业生产总值（现价）5981.61亿元，同比增长20.81%。专家强调针织行业发展量的增加不再是重点，质的提升才是关键。

横机是针织行业的重要机型之一，横机工是针织行业的主要职业之一，从事横机编织操作的人数在30万以上。

第一章　组织

一、竞赛的核心目的

竞赛目的是进一步激发广大职工"学知识、练技术、比技能、创一流"的热情，继续落实中国针织工业协会专家委员会1996年提出的技能人才培育战略，提高职工技能水平和整体素质，推动全行业职工职业培训、岗位练兵、技术比武、技术创新活动的蓬勃发展，加快高技能人才培养，从而进一步提高行业产品质量，促进产业的升级与发展。

针织行业横机装备进步明显，逐步实现从量到质的提升，电脑控制、电脑提花横机数量增长较快，有力推动行业劳动生产率的提高，适应国内外市场对横编产品的品种、规格、质量提出的更高要求。随着国产横机的设计、制造水平的快速提升，针织行业大量采用国产横机。为推动国产横机的设计与制造提升，决赛采用国产机型。

二、竞赛的组织方案

相关省市组成相应竞赛组委会，河北、浙江、福建、广东、宁夏等地的产业集聚区也成立竞赛的组织机构，开展选拔与培训等工作。

（一）竞赛职业及采用机型

竞赛职业：横机工，职业编码：6-04-04-03；采用机型：电脑横机。

（二）竞赛规则

中国针织工业协会专家提出比赛规则框架及竞赛流程方案，供各地试套。

（三）比赛内容

1. 理论

根据行业教材，内容包括操作规程、操作方法、质量控制、工艺设计、原料选用，与横机设备相关知识包括电气化、自动化、机电一体化等。理论部分占总成绩的30%。

2. 操作

基本技能、操作流程、设备调整、运转过程中问题的解决等。操作部分占总成绩的70%。

（四）评审裁判

裁判员由各主要省市推荐作风好、技术精、经验丰富的人员，由组委会任命。

（五）决赛参赛名额

按各省市行业规模分配进入决赛的名额，决赛名额初定为40名。

三、竞赛的进度安排

2012年4月：启动，竞赛各项筹备工作；

2012年5～7月：组织制订竞赛项目、竞赛规则等；

2012年6月：确定竞赛规程和工作流程，举行竞赛发布会；

2012年6月：各参赛省市成立组委会，正式启动竞赛相关工作；

2012年6月：各地推荐裁判员、教练员，组建行业裁判员、教练员队伍；

2012年6～7月：以行业教材《横机操作教程》（林光兴编著，1996版、2005/2006版）为基础，组织编写竞赛用的培训教材；

2012年6～10月：开展岗位练兵活动，企业选拔，省市预赛；

2012年7～8月：举办各种技术交流活动和考评员培训班；

2012年9～10月：确定决赛规则、程序和方案；

2012年11月：全国决赛，全面总结。

第二章　培训

针织行业操作工培训制度始于1996年，2006年行业首次开展的T恤衫制作竞赛继续沿用这套培训体系，后来的主要职业、工种培训也使用这一体系。2011年行业竞赛又对这一培训方法进行完善，本次竞赛开始尝试横机工职业技能行业培训。

一、培训的实施办法

（一）层级培训

层级培训是围绕竞赛而开展的不同范围的培训，是一种层层递进的培训，从2011年正式确立并实施，2012年针对横机工特点继续实施。

层级1：企业培训，根据企业实际，针对实际生产；

层级2：集群或者区域培训，根据当地实际，拓展多种机型；

层级3：省市培训，根据行业实际，普及多种操作方法；

层级4：全国培训，根据行业要求，提升与拓展相结合。

（二）培训纲要

针织行业从1996年开始推出并试行分机型培训纲要，2011年正式推行，见表2-1。

表2-1 针织操作工培训纲要

项目	企业培训（基础）	集群或者区域培训（提升）	省市培训（拓展）	全国性培训（总结推广）
培训人员范围	企业操作工	参加集群选拔赛选手	参加省市预赛选手	参加决赛选手
主要培训内容	1．针织基础知识，针对企业 2．企业的操作规程和操作方法 3．企业工艺流程与岗位职责 4．企业实操训练，针对生产实际	1．基础知识拓展 2．企业间操作规程和操作方法交流 3．企业间工艺流程交流 4．企业间实操训练交流，包括多机型实操与交流	1．针织及相关基础知识 2．针对省市竞赛操作规程和操作方法 3．工艺流程与操作法的交流 4．实操培训，特别突出操作规范与速度的专项练习	1．突出高级工、技师应知 2．针对决赛项目的应会、熟练 3．评分解读
突出技能标准	企业操作标准与操作法	针对性技能标准与规程	行业标准与区域先进操作法	行业标准与先进操作法
培训方式	岗位练兵与培训，并结合新工人培训与操作工专项、针对性培训	区域竞赛与培训结合，分类培训	预赛前培训；适当方式多次集中培训，分类培训	决赛期间培训；决赛前专门培训，或者与省市培训结合
培训时间	根据不同工种、阶段和要求确定			
达到水平（以上）	起点为中级工标准	中级工、高级工	中级工、高级工	高级工
考核内容	基础理论、实操为主	以区域性机型为主	理论与实操以全国决赛为准	理论实操模式
师资与教练员	企业教练员	企业教练员与行业教练员协作	行业专家、教练员	行业专家、教练员

二、培训的导向内容

以行业教材《横机工操作教程》为指导，讲解本次竞赛培训内容。

（一）横编基本知识培训

1. 横机原料

基本用纱：天然纤维中的棉、毛、丝、麻都广泛用于针织物的生产，化学纤维中的涤纶、锦纶、氨纶、黏胶纤维大量用于针织生产，通过混纺、交织方法使针织物更加丰富多彩。

操作工培训重点：掌握常规纱线的编织性能，进行素色、提花（包括网孔）等织物的生产实操，确保织物质量和编织效果。

2. 基本组织

掌握与操作相关的组织，了解成圈、不成圈、集圈、脱圈、翻针、横移等基本动作，了解丰富的织物结构与特性，操作技巧与织物组织关联，要求操作工根据企业实际重点掌握常规织物组织的编织，重点掌握如下组织。

（1）平针组织（常规编织选用）。包括：用一个针床编织的单面正面平针织物（图2-1）、后针床编织的单面反面平针织物（图2-2）、两个针床上编织的双面平针织物（又称四平织物，图2-3）。单面反面平针织物是由多个在后板编织的线圈组成的织物，其织物正反两面的效果图与正面平针织物正好相反；由于前后线圈相互制约，四平织物下机不拉伸时正反两面都呈现正面平针，织物不卷边。

（2）罗纹组织。由正面线圈纵行和反面线圈纵行以一定的组合规律相间配置而成的罗纹织物。罗纹组织种类很多，风格与性能不同，横向有较好的弹性和延伸性，只能逆编织方向脱散，图2-4、图2-5分别为1×1罗纹结构、2×2罗纹结构。

图2-1　单面正面平针结构

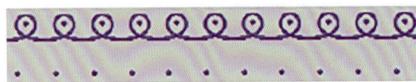

图2-2　单面反面平针结构

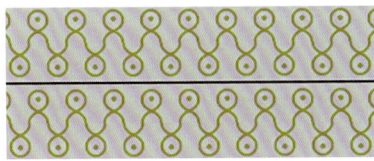

图2-3　双面平针结构

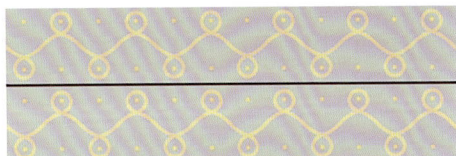

图2-4　1×1罗纹结构

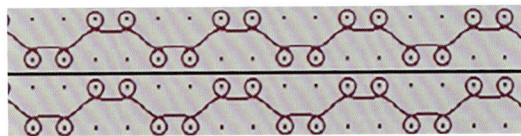

图2-5　2×2罗纹结构

（3）四平空转组织（米兰诺）。即由1行四平 + 1行正面编织 + 1行反面编织 组成的单元组织（没有翻针），循环行为3行（奇数行）一循环，如图2-6所示。织物正反两面外观一样。

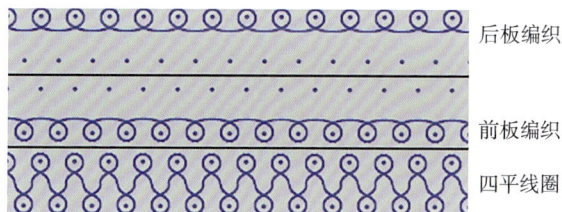

图2-6 四平空转组织结构

（二）企业通行标准的推行

行业专家组织大型企业制订并完善通行的企业标准。借鉴纬编工竞赛组织的经验，首次横机工全国竞赛重点宣贯初级工、中级工、高级工内容，介绍技师内容；第二次全国竞赛宣贯中级工、高级工、技师内容，介绍高级技师内容。

1. 横机工职业描述

本次竞赛继续沿用中国针织工业协会组织专家调研提出的横机工的职业定义、职业设立等基本要求的描述。

横机工职业定义：操作横机，利用电脑等进行编织、操作方面的设定，采用手工或者借助工具进行穿纱等编织辅助操作，将纱线编织成织物或者衣片、辅料的人员。

职业设立等级：五级/初级工、四级/中级工、三级/高级工、二级/技师、一级/高级技师。

职业能力要求：具有分析、推理、判断、表达及识读能力，无色盲、色弱，并具有一定的空间感、形体感，手指、手臂灵活，动作协调，听、嗅觉较灵敏。

2. 横机工初级工应会（技能要求）要点

（1）生产工艺。能读懂基本生产工艺，主要针对基本编织；按照工艺要求领取纱线，主要针对常用纱线。

（2）维护保养。能掌握设备运转、完好情况，主要针对常规机型；对设备安全及防护的检查，主要针对常规设备；清洁及润滑设备。

（3）开机准备。能按面板提示导入、导出电脑工艺参数；按工艺要求完成穿纱、排针；换纱和纱线打结；操作电脑横机起头。

（4）机台运转。能启动、关停电脑横机；能调试电脑横机运转速度、牵拉张力；能拆除分离纱和起头纱；能整平面织物的密度；能拆疵片。

（5）质量把控。能测量织物下机尺寸，对于特殊品种要求了解基本的方法；能检查织物常见疵点并修补，包括纱疵、织疵。

（三）重点操作的培训（产品质量基本保障）

突出操作规范性与熟练性，把握生产流程和处理织疵点（完善质量）的能力，软件应用与产品工艺保障的能力。

重点培训漏针、破洞、花针的产生原因及排除方法，要求深入细致地分析，表2-2为漏针的分析方法示例。对于难度较大的疵点可以根据企业实际进行培训。

表2-2　漏针的成因及消除方法

故障产生原因	排除故障基本方法
纱管成形质量不好	更换纱管
编织张力过大	降低送纱张力
纱线间有交叉、纠缠现象	将纱线理顺重穿
纱线被其他机件夹住	将机件调整好
侧挑线簧（张力器）抖动严重	调整或更换
纱嘴座位置不当	调整纱嘴座位置
纱嘴位置不对	依据前后针交叉点高1.5mm调整
纱嘴口太大或喂纱嘴口有磨损	调整或更换
纱嘴座滑块高低两端不平	调整纱嘴座上的螺丝，使之平衡
纱嘴座滑块歪斜	调整或更换
纱嘴座滑块螺丝松动	旋紧螺丝并调整纱嘴
纱嘴座滑块活动	拧紧纱嘴座上的螺丝，并校对纱嘴位置
毛刷位置不当	调整毛刷位置
毛刷前后不正	依据相应标准调整
毛刷脱毛太薄	调换新毛刷
针舌太紧、关闭不灵	修复或换针
织针针尺太紧	检查织针针尺并调整
织针针舌歪斜、呆滞、不灵活、长短不一	更换新针
选针片片踵断裂	更换选针片
选针器故障	修理选针器
针槽有积垢，针舌呆滞	清洁针床及织针部件，消除积垢
弯纱三角起痕深	磨砂抛光
弯纱三角吃线快慢不一致	修磨快的一只
弯纱三角两头螺钉松动	旋紧螺钉
弯纱三角滑块松动，两端面过狭、过尖	校正或更换
起针三角松动	拧紧螺钉
摇床不正引起前后针床不正	校正针床，前床织针正对后床相邻两枚织针的正中
牵拉力太小	加大牵拉力、开辅助牵拉
机械抖动	检修机械传动部件

第三章　选拔

一、省市竞赛组委会的工作

2012年6月，成立竞赛组委会。根据本地区实际情况成立相应的组织机构，负责本地区竞赛的相应组织和协调工作。主任由主管部门、工会、协会主要负责人担任，副主任由协会负责人及相关单位负责人担任；组委会办公室负责竞赛日常事务和组织落实。

2012年6月，推荐全国决赛裁判员人选，印发比赛项目初稿。

2012年6～7月，印发省市比赛文件。适当增加新知识、新技术、新设备、新技能等相关内容。理论考核成绩与实际操作考核成绩分别占总成绩的30%和70%。为保证参加决赛选手的代表性和广泛性，各省（自治区、直辖市）推荐的参加全国决赛的选手，同一个企业最多不能超过2名。

2012年6～10月，多种形式加强宣传。加强在产业集群和区域行业推介、宣传竞赛。宣传分为竞赛意义的宣传和竞赛知识的宣传。

2012年7～10月，组织企业选拔。根据当地实际奖励优胜选手，总结比赛经验，提出全国决赛建议。

2012年10月，确定全国决赛选手的教练员和领队，做好报名工作。

二、部分省（自治区、直辖市）预赛

北京、河北、上海、江苏、浙江、安徽、福建、山东、广东、宁夏、内蒙古、新疆等省、自治区、直辖市进行了较大规模预赛。

（一）宁夏预赛

2012年，全国纺织行业横机工职业技能竞赛宁夏赛区预赛于2012年9月25日在银川举行，本次大赛由自治区轻纺工业局、自治区总工会、自治区人力资源和社会保障厅、自治区妇联联合举办。预赛从7月中旬启动，在选拔赛、半决赛中，宁夏轻工业学校老师细心辅导参赛选手。决赛同期第四届中国宁夏国际羊绒博览会暨第三届中国西部（银川）服装服饰艺术节隆重开幕。经过激烈角逐，决出了一等奖1名，二等奖2名，三等奖3名，优秀奖6名，鼓励奖12名。12名选手获"宁夏回族自治区纺织行业技术能手"称号。

宁夏预赛实操考核严格执行全国决赛的规则，同时体现企业特色，也检验平常训练及培训效果，图2-7所示为宁夏预赛实操环节，选手动作的规范与技术的熟练可见一斑。

（二）上海赛前培训

2012年11月20日，上海市纺织工会在上海松江塔汇针织厂举办培训。培训班上，选手们认真学习行业培训教材，同时进行机上操作训练与交流；行业专家根据全国竞赛规则进行专题辅导。上海预赛采取集中学习与自学相结合，学习与研讨相结合，理论学习与实际相结合的方式，研究气氛浓厚，成效显著，如图2-8所示。

图2-7 宁夏预赛实操环节

图2-8 上海预赛学习与研讨环节

（三）广东预赛

2012年12月10～11日，由广东省纺织协会联合工会、人力资源等部门联合主办的2012年全国纺织行业横机工职业技能竞赛广东省预赛决赛，在广州市珠江国际纺织城举办，共37人进入决赛。为鼓励院校学生创意设计结合操作技能学习，组委会增加学生组和创意组比赛。12月10日上午进行理论考试，10日下午和11日上午进行实操比赛。全国竞赛专家组对附加组选手与选拔赛选手进行技术点评。

第四章 决赛

一、部分优胜选手

（一）前30名选手

1. 孟凡成，上海文珍服饰有限公司；2. 曾明委，上海京清蓉服饰有限公司；3. 岳丽，无锡富士时装有限公司；4. 李彦红，宁夏中银绒业股份有限公司；5. 陶善菊，上海塔汇针织厂；6. 姚睿，东莞市大朗职业中学；7. 谢振旺，清河澳维纺织品贸易公司；8. 王利强，上海京清蓉服饰有限公司；9. 杨泽华，汕头市天辉毛织制品有限公司；10. 陈彩霞，无锡富士时装有限公司；11. 陈高春，北京鄂尔多斯羊绒有限公司；12. 张建军，宁夏中银绒业集团；13. 梁牛牛，高阳县润彤服饰有限公司；14. 张桂英，上海晶星针织有限公司；15. 王传鸣，广东伽懋毛织时装有限公司；16. 蔡伟岳，汕头市天辉毛织制品有限公司；17. 保立新，宁夏中银绒业集团；18. 李海龙，上海巨亨针织时装有限公司；19. 翟海洋 上海塔汇针织厂；20. 李志坤，河北朗坤羊绒有限公司；

21. 刘登宝，连云港祥禾制衣有限公司；22. 周志辉，浙江鼎坤服装有限公司；23. 王雪飞，内蒙古东马羊绒制品有限公司；24. 王振新，广东伽懋毛织时装有限公司；25. 王鹏飞，汕头市澄海区雅丝兰服饰实业有限公司；26. 李元元，常熟市安琪尔毛衫织造有限公司；27. 李淑平，新疆天山毛纺织股份有限公司针织三厂；28. 朱美德，浙江千圣禧服饰有限公司；29. 宋建慧，内蒙古鹿王羊绒有限公司；30. 李荣菊，北京鄂尔多斯羊绒有限公司。

（二）单项获奖选手

穿纱项目：1. 李彦红，宁夏中银绒业股份有限公司；2. 王振新，广东伽懋毛织时装有限公司；3. 李元元，常熟市安琪尔毛衫织造有限公司。

密度确认项目：1. 王利强，上海京清蓉服饰有限公司；2. 李海龙，上海巨亨针织时装有限公司；3. 王传鸣，广东伽懋毛织时装有限公司。

二、决赛规则要点

比赛用机台：龙星牌LXC-252SC型电脑横机，机号为12针，幅宽为52英寸，双系统；

比赛用纱：48公支两合股精梳棉纱；

机台转速：0.80m/s；

面料组织结构：平针；

比赛用工具：剪刀，压布刀，尺子，记号笔，签字笔。

项目一：找错针（1枚）。

基础得分：10分；基础操作时间：70s。

比赛流程：保全工按裁判员要求，前针板（针板的一半区域内）换一枚大头针，选手入场，按下安全按钮，找出错针，方法不限，将错针所在针槽的两边用记号笔标识。关闭安全门。

主要扣分项（点）：没有按下安全按钮；未找出或找错（取消时间加分）；扎手；没有关闭安全门。

项目二：穿纱（6个纱筒）。

基础得分：30分；基础操作时间：480s。

比赛流程：起底弹力纱1个纱筒（纱嘴自定），废纱涤纶丝1个纱筒（纱嘴自定），编织用纱棉纱线4个纱筒（2#、3#纱嘴），共三种纱6个纱筒及4个纱座放在机台的左侧。选手准备纱筒纱头及纱座摆放。选手按下安全按钮，起底弹力纱放在尼龙纱架上，棉纱线放在纱座上，纱线引出，按工艺流程穿纱，经上送纱控制装置、导纱器，调节拉簧按钮使侧跳线簧有适当张力，所有纱线打结在所用纱嘴之下不脱离（比赛过程中断纱不计），关闭安全门。起底弹力纱可不通过夹线盘，不必调整张力。

主要扣分项（点）：没有按下安全按钮；棉纱线没有放在纱座上；起底弹力纱没有放在尼龙纱架上；纱线交叉；不符合工艺路线（每个穿纱工艺点）；没有张力调整；完成后上跳线簧有亮灯；没有关闭安全门。每条穿纱线路累计扣分不超过5分。

项目三：接纱（4个纱筒）。

基础得分：20分；基础操作时间：50s。

比赛流程：4只纱筒放在置纱板上，选手准备纱筒的纱线留头长短及位置，选手示意开始，听裁判员口令找出纱筒纱头，与上送纱控制装置上预留的纱头接好，纱尾不超过10mm。

主要扣分项（点）：纱线没有通过纱结捕结器；试织织片时出现破边破洞；纱线兜底；纱尾超过10mm（含毛羽）。

项目四：密度确认。

基础得分：25分；基础操作时间：140s

比赛流程：由机台保全工按照选手要求编织一定行数（行数是10的倍数）的织片，最多行数为70行（编织不计时）；选手听裁判员口令，拿到下机织片与提供的三个不同度目值的织片做密度比较，写出织片的机器度目值，方法不限。

主要扣分项（点）：度目值确认错误（取消时间加分），根据差异扣分。

项目五：生产资料输入。

基础得分：15分；基础操作时间：40s。

比赛流程：选手领取存储编织资料优盘一只，抽取文件号一个。听裁判员口令开始插入优盘，点击文件管理→优盘花样复制到内存，从优盘10个备选资料档案中选取符合文件号的档案，结束。

主要扣分项（点）：档案名输入不正确。

本次决赛五个单项综合得分率72.85分，在基础时间内完成操作率超过85%。

三、决赛图片传真

一组图片反映竞赛的紧张与和谐。竞赛的仪式感逐步建立起来，图2-9为裁判员、运动员听从现场总指挥等候入场，全体裁判员入场后第一组选手入场。竞赛也正在培育一批裁判员、教练员，老专家的传帮带作用正在发挥。魏福宝裁判员是行业德高望重、德艺双馨的老专家，曾主持纬编工竞赛规则最初起草定稿、行业技能标准审定，参与针织行业全部职业类别竞赛全国决赛的执裁，给选手讲解循循善诱、深入浅出。刘斌功裁

图2-9 裁判员入场后运动员入场，因为准备充分，个个精神抖擞，严阵以待

判员也是德高望重、德艺双馨的老专家，裁判员理论和实操功底深厚，创办毛衫技术学校，培养了一大批技术骨干。两位裁判员深受选手、教练员的喜爱，图2-10所示指导选手的裁判员中，左图为魏福宝（左二），右图为刘斌功（右一）。

图2-10 教练员执裁严谨、严格，甚至严苛，但是从不严厉

竞赛的第一主角是选手，一组照片记录了决赛中第一主角的美妙时刻。图2-11展示选手沉着冷静投入比赛，图2-12展示获奖人员在颁奖仪式上等候公布成绩与名次，图2-13展示获奖人员面对记者集体采访畅谈感受，图2-14为选手在现场展示获奖的喜悦，图2-15展示理论考试的从容淡定。比赛结束后，合影时下起了雨，图2-16记录下了这一刻选手们灿烂的笑容。

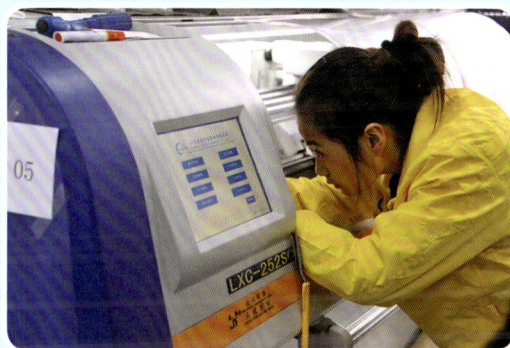

图2-11 沉着冷静投入比赛

图2-12 颁奖典礼上选手等候决赛成绩与名次

图2-13 面对记者集体采访畅谈感受

图2-14　现场展示获奖的喜悦

图2-15　理论考试的从容淡定

图2-16　雨中最灿烂的笑容

第三篇 2013年全国纺织行业 "润源杯"经编工职业技能竞赛

"十二五"时期是纺织工业转型升级的重要时期。长期以来，经编行业以转变发展方式为主线，持续推进科技进步、设计提升等，保持高效快速发展。

2012年，在世界经济疲软环境下，我国经编行业规模以上企业主营业务收入657.42亿元（占针织全行业的22.08%），同比增长4.35%。经编行业设计水平普遍提升，例如，设计含量较高的花边织物出口同比增长23.19%，这得益于传统经编工艺设计的长期推进和先进艺术设计理念与方法的不断普及，也得益于行业总体操作水平，特别是一些高端品制造所需的操作水平的全面提高。

第一章 竞赛组织

一、竞赛的主要目的

指导思想：深入贯彻落实党的十八大精神，按照《纺织工业"十二五"发展规划》和《建设纺织强国纲要（2011～2020）》的总体部署，进一步激发广大职工"学知识、练技术、比技能、创一流"的热情，推动全行业职工培训、岗位练兵、技术比武、技术创新活动的蓬勃开展，加速高技能人才的培养。

（一）推进行业人才队伍建设

目前经编工操作熟练程度差异较大，熟练工数量严重不足，全能型操作工比重不高，制约行业的可持续发展。举办经编工职业技能竞赛有助于技能人才的培育。纺织行业吸纳大量农民进城务工。本次竞赛创造性地积极探索促进"三农"建设的纺织方案。大赛以技术培训帮助农民工提高职业素养，助推"农民工"向"技能工"转型，同时号召全行业和社会，在城镇化进程中更多地关注农民工追求进步的需求。

（二）提升国产经编设备

国产经编装备的规模化生产始于20世纪70年代。进入21世纪，我国经编装备得到快速发展，在数字化、自动化及控制精密程度等方面有了很大提高。本次竞赛决赛使用国产设备，积极探索设备制造与使用的更高效互动的方法。

在全球化大趋势下，举办职业技能竞赛，旨在通过选拔高技能人才，培育优秀操作工队伍营造积极、和谐的行业氛围,加强行业内以及与产业链的交流与沟通,加强行业自律,推进产业协同,不断提升凝聚力。

二、竞赛的组织方案

由中国纺织工业联合会与中国财贸轻纺烟草工会联合主办,中国针织工业协会承办。

(一)竞赛思路

1. 行业竞赛与技能培训结合

鉴于经编行业长期开展岗位培训、操作竞赛,本次全国竞赛重在传承与创新。

2. 标准推广与操作推进融合

鉴于行业职业技能标准颁布较早,操作法总结有一定基础,本次全国竞赛要继续突出普及标准、总结和完善操作法与规程。

(二)竞赛方案

1. 竞赛职业及采用机型

竞赛职业:经编工,职业编码:6-04-04-02;采用机型:各种类型的经编机。

经编工职业定义:操作经编机、辅助设备及专用工具,将丝、线、纱编织成坯布,并校对、调整和更换机台织针的人员。

2. 参赛人员

各省市纺织行业经编工均可报名参加竞赛。

3. 裁判人员

裁判员由各主要省市推荐,取得考评员资格后由组委会任命。

4. 竞赛内容

以《经编工工人技术等级标准》为基础,按照《经编工行业职业标准》中高级工(对应国家职业资格三级)的要求,以及行业普及与培训的通用教材《经编操作基础教程》(林光兴著,1996版、2005/2006版、2012版)中的基本操作(在此教材的基础上,中国针织工业协会组织专家编制针对本次竞赛的培训教材),竞赛突出选取新知识、新技术、新设备、新技能内容。竞赛分理论考核和实际操作考核两部分,实际操作考核所选机型根据各地实际由协会专家确定。理论考核成绩与实际操作考核成绩分别占总成绩的30%和70%。竞赛拟设立穿纱、接纱、找错纱、换坏针、换花盘、调密度6个单项。

5. 竞赛流程

报名:各参赛省(自治区、直辖市)纺织协会(纺织行业管理办公室)对所辖区域报名进行确认。

分区赛:预赛由参赛企业自行组织,确定进入分区赛的名单并报送所属参赛省(自治区、直辖市)纺织协会(纺织行业管理办公室)。各分赛区复赛由各分赛区组委会自行组织安排,按照全国竞赛组委会确定的各省(自治区、直辖市)参加全国决赛的名额,向全国竞赛组委会报送参加全国决赛的名单。

全国决赛:选手初步确定为80人,同一企业不能多于2名选手。

（三）竞赛的进度安排

竞赛进度参考纬编工、横机工竞赛，也可借鉴已往行业操作竞赛的经验，在执行中不断完善。

2013年2～5月：总结经编行业历次竞赛的基本经验；专家提出竞赛规则初稿；召开全行业及区域性的经编技能操作研讨会、现场会、技术推广会等。

2013年3月：活动报批；确定组委会成员；举办活动启动仪式暨新闻发布会。

2013年4～5月：向各省（自治区、直辖市）纺织协会（纺织行业管理办公室）、纺织工会发送活动通知，并深入基层开展宣传；针对各地产业实际进行基础调研，宣讲完善竞赛规则。

2013年5～7月：编写竞赛题库；规则试套，完善规则；确定本次竞赛的具体比赛内容，包括操作规程和评定标准等。

2013年5～9月：开展岗位练兵、技术交流和多种形式的培训、选拔活动；讲解行业职业技能标准，进行相关演示、操作。

2013年9～10月：举办考评员、裁判员培训；讲解竞赛规程等；开展行业交流；省市预赛；针对各地采用的不同机型，深入总结预赛经验，提出决赛建议。

2013年10～11月：举行全国决赛；表彰优胜选手及裁判员、教练员、领队；表彰优秀组织者。

2013年11月：对本次竞赛进行总结，内容包括人才选拔、队伍建设、技能培训、标准普及、竞赛组织等。

三、经编行业发展概要

经编是工业革命的产物，是针织的重要组成部分，曾经一直是欧美发达国家的骄傲。我国自20世纪70年代拉开经编生产的帷幕，20世纪80年代以前经编产业主要集中在欧美等发达国家。20世纪80年代以后，迫于成本等压力，经编产业逐步从欧美等发达国家向劳动力成本较低的国家和地区，如土耳其、印度尼西亚、马来西亚、韩国、中国等地转移。20世纪80年代后期，中国经编行业快速起步，进入规模化生产。欧美发达国家的传统经编行业削弱，转而发展产业用品及高端产品；印度尼西亚、马来西亚、韩国等地经编生产量在逐年降低，土耳其经编增速趋缓，甚至出现萎缩态势，世界经编产业逐渐向中国集中。进入21世纪后，全球经编产业已形成中国一枝独秀的局面，我国经编行业多年以每年高于25%的速度发展。产业主要集中在东部，形成了以福建长乐、广东潮汕、江苏常州、浙江绍兴、江苏常熟和浙江海宁等地为代表的独具特色、产业链配套较完整的产业集群。

20世纪80年代末开始，我国经编行业在注重发展产品设计与技术的同时，开始全面重视职业技能操作，一些大型企业逐步建立操作方法体系，推广先进操作方法。技能培育与经编机械技术、经编技术相互促进，助力产品增长和产业结构优化，也为经编操作体系的完善奠定基础。

第二章　标准推广

以竞赛为契机推广行业职业技能标准，重点体现标准作为技能培养、技能人才培育的权威性、导向性文件，从多方面入手，加大推广力度。

《经编工行业职业技能标准》（1996年版）已在各级竞赛和各类培训中得到贯彻落实，有一定的基础。经过专家研究，第一次（本次）全国竞赛重点宣贯行业标准中的初级工、中级工、高级工内容（以中级工为核心），介绍技师的内容；第二次全国竞赛还要宣贯技师、高级技师的内容。

一、强化技能标准推广在行业职业规范体系建设中的作用

培训突出职业基本守则、经编基础知识及相关知识培训，提高操作工的基本素养。一些地区提出通过基础培训突出职业操守培训。

职业基本守则：爱岗敬业，忠于职守；遵纪守法，诚信待人；关心企业，实事求是；钻研业务，讲究效率；严于律己，认真负责；勇于开拓，善于创新。职业守则体现职业道德，也体现必须强化的职业基本素质。

经编基础知识：经编常用原料知识；经编机结构和工作原理；经编组织及工艺设计知识；整经操作知识及疵点对织造的影响；经编穿纱及处理织疵知识；经编操作程序和基本要求知识；机台维护知识；坯布检验、入库、运输知识；经编生产工艺流程；经编织物的分类与应用；经编生产管理知识。

机械传动知识：经编机械传动基本知识，经编机电一体化知识，经编机械防护与安全用电知识。

质量管理知识：经编企业质量管理基本规程，经编全面质量管理基本知识，经编产品检验基础知识。

安全生产与环境保护知识：文明生产基本要求，安全操作知识，劳动保护知识，环境保护知识。

相关法律法规知识：《中华人民共和国劳动法》《中华人民共和国产品质量法》《中华人民共和国安全生产法》《中华人民共和国环境保护法》的相关知识。

二、强化经编操作法与技能标准的深度融合

以《经编工行业职业技能标准》中中级工的基本要求为核心，围绕经编生产过程中的主要操作，结合本次竞赛的基础项目，提出本次竞赛的操作重点和操作方法。原则是：首先注重操作的正确性、规范性（及时纠正错误操作），其次注重操作的速度、操作的连贯性（进一步完善操作手法）。

（一）经轴、纱线准备

1. 经轴准备

技能要求：能进行盘头的组合；能进行穿套盘头的操作。

相关知识：经编盘头组合工艺知识；经编盘头穿套的基本要求。

重点考核操作的连续性、规范性、正确性、安全性，考核不同机型的不同操作方法。

2. 纱线准备

技能要求：能将送经数据输入电子送经装置中，并预设定送经；能进行机械送经装置送经量的初始调节；能按照工艺要求排列具有空穿的纱线，进行分纱。

相关知识：电子送经装置送经量设定方法；机械送经装置初始位置调节方法；空穿排列纱线规律计算方法，纱线直行原则。

重点考核操作的规范性、正确性，综合考核操作的速度与质量，考核相关原理、机理及挡车操作对坯布质量的影响。

（二）机台调节

1. 梳栉横移调节

技能要求：能安装两把梳栉或多把梳栉，判定梳栉之间及梳栉与织针的位置关系；能判定并校正导纱针与织针配合。

相关知识：多把梳栉的安装程序；织针与导纱针的基本配置要求。

重点考核操作的连续性、规范性、正确性、安全性（对于机器），考核相关原理、机理及挡车操作对坯布质量的影响。

2. 穿纱

技能要求：能根据经编机状况及工艺要求确定起始穿纱位置；能根据工艺要求确定导纱针的排纱规律和空穿规律并进行穿纱。

相关知识：穿纱起始位置的确定方法；穿纱方法及空穿规律知识。

重点考核操作的规范性、正确性，综合考核操作的速度与质量，考核相关原理、机理及挡车操作对坯布质量的影响，考核不同机型的不同操作方法。

（三）机台挡车

1. 巡视处理

技能要求：能进行挂布张力控制与调节；能进行挂布过程出现乱纱等处理。

相关知识：挂布中的张力调节知识；挂布过程纱线梳理及乱纱处理的基本方法。

重点考核操作的连续性、规范性、正确性、安全性。

2. 处理疵点

技能要求：能及时发现并处理一般编织疵点（漏针、毛丝、洞眼）；能处理布面紧纱、集针、纵条、横条等织疵。

相关知识：漏针、毛丝、洞眼等疵点处理方法；布面紧纱、集针、纵条、横条等织疵处理方法。

重点考核操作的规范性、正确性，综合考核操作的速度与质量，考核相关原理、机理及挡车操作对坯布质量的影响。

（四）设备维护保养

1. 设备检查

技能要求：能检查防护系统完好情况；能检查梳栉、牵拉等部位润滑情况。

相关知识：防护系统完好情况检查方法；设备主要润滑要求。

重点考核操作的规范性、正确性、安全性、合理性。

2. 机台维护

技能要求：能校正、安装分纱针；能校正、安装导纱针。

相关知识：导纱针、分纱针安装基本要求；导纱针、分纱针校正基本要求。

重点考核操作的规范性、安全性（对于机器），考核相关原理、机理及挡车操作对坯布质量的影响，考核不同机型的不同操作方法。

第三章　省市选拔

一、改进职业培训

（一）发挥行业机构作用

在原有行业性技能培训机构（如福建长乐、江苏常熟、浙江绍兴等地的操作工作室）基础上，组建和完善行业性技能研发中心以及操作技能工作室。由行业技能专家组成，采取松散型与紧密型、企业性与行业性相结合的原则，加强实效性。

（1）开展标准完善、规程探讨与技能研究等；

（2）开展企业、集群、区域、省市等各类竞赛；

（3）开展区域性、专业性、行业性技能操作培训；

（4）开展技能人才选拔、操作法的总结等可持续性工作。

行业机构原来建立在早期的几大集群和一些老企业，部分新的集群和一批新企业也陆续建立，今后需继续拓展。

（二）推行岗位培训与竞赛纲要

借鉴20世纪90年代行业教材体系，专家组编写了分机型针对性的理论知识培训教材，教材中突出经编及相关工艺流程，突出设计工艺，突出设备保障，突出管理环节。专家组还制订和推行了经编各岗位实操培训与竞赛纲要，见表3-1。

表3-1　经编各岗位实操培训与竞赛纲要（实操部分）

	培训级别	一级 （初步）	二级 （初偏中）	三级 （中偏高）	四级 （高）
培训 项目	1. 整经	1. 上纱、穿纱	1. 穿纱、调节张力	1. 拉纱，调节整体纱线张力	1. 运转、处理疵点等
	2. 上轴与穿纱	2. 操作正确、规范、安全	2. 穿纱符合工艺，做到熟练	2. 空穿，对纱，调节纱线张力	2. 难度大的对纱，调节纱线张力等

续表

培训级别		一级 （初步）	二级 （初偏中）	三级 （中偏高）	四级 （高）
培训 项目	3. 挡车与质保	3. 操作正确、规范	3. 正确判断织疵点与处理	3. 实操熟练，掌握基本工艺	3. 以产品质量为核心的各种操作
	4. 保全与维护	4. 润滑，安全防护	4. 换针等基本操作	4. 机件的一般配合与常规调节	4. 突出与产品质量有关的调节
	5. 设备调试	5. 设备完好、标准，相应检查	5. 设备满足生产基本要求	5. 设备简单调试，确保工艺完善	5. 设备调试满足质量要求
	6. 辅助工种			6. 辅助工种协作	6. 辅助工种组织
竞赛方法		岗位练兵，单项竞赛	技术比武、演练、单项竞赛	技术交流，设置多项目的竞赛	结合理论，设置多项目的综合竞赛
培训方式		规范操作培训，以讲解、示范及练习为主	示范、讲解，加强实践练习，纠正错误	操作完整、系统，做到速度与规范相结合	造就综合操作素养
培训时间 （低等级可短时间多次培训）		短期（一次可2~4个工作日）	短期（一次可2~6个工作日）	短到中期（一次可2~10个工作日）	短到长期（一次可2~20个工作日）

二、省市选拔

（一）上海选拔赛

2013年6月6日，上海市纺织工会、上海内衣行业协会联合发文，设立经编工选拔办公室开展上海地区选拔赛。各区纺织行业工会负责本地区选手报名工作。上海各经编企业经编工均可报名参加选拔。选拔与培训于9月下旬或10月中旬在上海新纺联汽车内饰有限公司举行。上海选拔赛率先尝试多机型、多种操作法和多种评分体系的竞赛方法，并在企业选拔中采用这些方法，取得一些经验，行业专家将在其他省市推广。获选拔赛前三名的选手，由上海市纺织工会和上海内衣行业协会共同授予"上海针织行业经编操作能手"荣誉称号，颁发荣誉证书。根据行业规模和操作工水平，经专家评定，上海拟推荐5~7名选手参加全国总决赛。

（二）其他选拔赛

省市预赛由纺织行业协会、工会组织。江苏进行广泛宣传，以产业集群、各地级市为单位，分别在梅李镇和申达、艺蝶等企业分区域进行竞赛，选拔全省优秀选手，同时组织赛前演练。浙江在杨汛桥、马桥及丁桥镇钱江工业园区举行预赛。福建在长乐、晋江、三明开展操作技能竞赛分赛区决赛，通过理论和操作考核，结合多种机型进行操作演练。广东省纺织协会联合广东省工业工会委员会于2013年11月8~10日在德庆举办2013年广东省纺织行业经编工职业技能竞赛，该竞赛由广东省职业技能鉴定指导中心作为技术指导单位，由德庆泰禾实业发展有限公司承办。

各地选拔赛的组织工作既传承经编行业操作竞赛的传统做法，又严格执行本次全国竞赛的组织条例。

第四章 全国决赛

一、优胜选手（前30名）

1. 欧晓满，广东德润纺织有限公司；2. 张井凤，广东德润纺织有限公司；3. 沈雅明，宏达高科控股股份有限公司；4. 邓春华，佛山市顺德区纳川纺织实业有限公司；5. 王庆，佛山市顺德区纳川纺织实业有限公司；6. 赵巧娟，宏达高科控股股份有限公司；7. 叶练清，江门市新会彩艳实业有限公司；8. 王银梅，海宁美力针织有限公司；9. 晏海凌，长乐市建欣提花有限公司；10. 朱爱芹，常州申达经编有限公司；11. 费瑞娟，海宁市超达经编有限责任公司；12. 吴钦梅，福建永丰针纺有限公司；13. 温秀芝，常熟市昌盛经编织造有限公司；14. 何华山，东莞超盈纺织有限公司；15. 谷利群，福建纺冠针织有限公司；16. 周腊梅，福建省长乐市天阳织造有限公司；17. 陆群峰，海宁市超达经编有限责任公司；18. 王利群，广东新会美达锦纶股份有限公司；19. 谭月明，江门市新会彩艳实业有限公司；20. 罗佰军，长乐市欣美针纺有限公司；21. 陈木兰，福建永丰针纺有限公司；22. 冯锐清，德庆泰禾实业发展有限公司；23. 李凤仪，广东新会美达锦纶股份有限公司；24. 龙竹梅，德庆挺好面料制造有限公司；25. 徐婷婷，福建省长乐市天阳织造有限公司；26. 徐敏琴，海宁美力针织有限公司；27. 余美芳，海宁市积派服饰有限公司；28. 梅凤明，常熟市群英针织织造有限责任公司；29. 李艳鹤，东莞润信弹性针织有限公司；30. 李秀春，福建纺冠针织有限公司。

二、单项获奖选手

（一）决赛项目一前3名

1. 赵巧娟，宏达高科控股股份有限公司；2. 沈雅明，宏达高科控股股份有限公司；3. 肖小珍，常州市润源经编机械有限公司。

（二）决赛项目二前3名

1. 欧晓满，广东德润纺织有限公司；2. 邓春华，佛山市顺德区纳川纺织实业有限公司；3. 张井凤，广东德润纺织有限公司。

三、优秀教练员

陈奇昌，广东德润纺织有限公司；**陆维敏**，宏达高科控股股份有限公司；**黄婉仪**，新会宏达装饰织物有限公司；**李大俊**，浙江海宁经编生产力促进中心；**郑贤勇**，长乐市建欣提花有限公司；**虞桧红**，常州申达经编有限公司；**马昆**，福建永丰针纺有限公司；**钱英杰**，常熟市梅李商会经编印染分会；**赵贵兰**，东莞超盈纺织有限公司；**郑自建**，长乐市欣美针纺有限公司；**陈佑明**，福建省长乐市天阳织造有限公司；**张炳潮**，海宁市超达经编有限责任公司；**陈秋燕**，广东新会美达锦纶股份有限公司。

第五章 决赛留影

图3-1～图3-8所示为全国决赛的精彩瞬间。

图3-1 在实操比赛这天，厂区静悄悄

图3-2 繁忙的竞赛组织工作

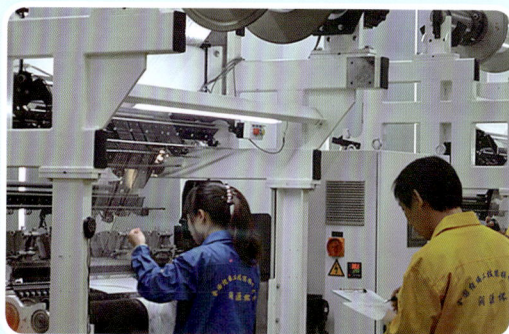

图3-3 适应机台环节，裁判员、教练员和选手在互动，都是行家里手

图3-4　操作演练环节，技术的演练和比赛的演练

图3-5　什么是一丝不苟，决赛现场的选手们给出了很好的答案

图3-6　比赛现场是一个紧张的地方、温馨的地方、神圣的地方……

图3-7　操场上，最美的一定是运动员

图3-8　晨曦中，他们迈着矫健的步伐……

第四篇 2014年中国技能大赛：全国纺织行业"佰源杯"纬编工职业技能竞赛

竞赛的主办单位是中国纺织工业联合会、中国就业培训技术指导中心、中国财贸轻纺烟草工会全国委员会。

"十二五"中前期，针织行业克服了国际市场低迷、原料价格波动等诸多不利因素影响，经历了2012年先抑后扬，2013年继续回暖态势。2013年针织出口首次突破1000亿美元。国产部分大圆机自动化程度提高，几家圆机制造企业积累技术，提高自主研发能力，特别是设计、制造水平达到国际先进水平。性能优良的大圆机设备对操作工提出更高要求，不仅需要实际操作能力，还需要相关理论知识，这给竞赛提出导向。

1996年、1997年，中国针织工业协会专家委员会提出并长期实施的行业技能人才培育工程——兼职型教练员、裁判员培育专项，以及技能人才、院校培养、产业协作等多个专项得到了延续（作为行业课题）并进一步推进。

第一章 普及技能标准

2014～2016年纬编工竞赛周期，宣教行业培训教材《纬编操作工职业技能培训教程》，宣贯《纬编工行业职业技能标准》（又称《纬编工职业技能行业标准》，以1996年版为基础，补充后来修订部分）中级工（重点）、高级工（重点）、技师内容，讲解高级技师内容，对于标准的递进关系做出解释，加强高级别标准的操作示范。

一、普及阶段一

根据《纬编工行业职业技能标准》中级工的应知应会，重点围绕基本操作，首先注重操作的正确性（纠正错误操作动作），其次注重操作的速度。

（一）基本挡车

1. 织前准备

能按工艺要求检查所编织物使用的纱线类别和细度；能按工艺要求排列纱线；能检

查纬编机正常运转的各种条件。

2. 编织

能在操作面板上设定主要工艺参数；能在纬编机任何位置更换织针；能判定停机故障。

（二）质量保障

1. 纱线检查

能检查纱线的条干、毛羽等；能辨别色纱的色差。

2. 疵点处理

能在机台停止运转时发现织物的散花针、里漏针、翻丝、隐性横条等不容易发现的疵点；能分析常见疵点的产生原因；能使用钩针、毛刷、弹性挂针等专用工具完成两种以上机型、长度30cm以上的套布。

（三）设备维护

1. 设备检查

能发现成圈系统出现的故障；能发现输纱、加油、喷气系统的故障。

2. 设备保养

能对主要编织系统进行工作状况的检查；能对输纱器、加油管路、牵拉卷取机构保养，确保运转质量。

二、普及阶段二

根据《纬编工行业职业技能标准》高级工的应知应会，结合本次竞赛基本比赛项目，重点围绕基本操作，在确保操作的规范性的前提下，练习培养提高操作速度的方法，注重操作经验与技能结合。

（一）基本挡车

1. 织前准备

能用纬编样布核查纬编工艺；能按工艺要求完成多颜色的提花组织和多结构的复合组织纱线的排列；能分析织物组织，核对工艺单的工艺参数，并进行上机检查。

2. 编织

能识读提花花型、彩条花型的意匠图，并能按工艺检查彩条花型和提花花型；能拆装三角座，检查和清理三角键；能根据工艺要求更换选针片等。

（二）质量保障

1. 纱线检查

能用目测法、手摸法、对比法检查常用纱线的细度；能用目测法、燃烧法判定常见纱线成分。

2. 疵点处理

能在设备运转状态下发现散花针、里漏针、翻丝、隐性横条等不容易发现的疵点；能检查坯布横列所对应路数的纱线；能发现提花织物的错花、错纱等疵点。

（三）设备维护

1. 设备检查

能根据工艺要求对加油、喷气系统进行调节；在技师指导下能对设备机身、传动系统、电控系统进行全面保养。

2. 设备保养

能检查设备的传动、电气控制系统故障；能分析设备异常的原因，并提出处理建议；能对设备进行责任范围内的安全检查。

（四）管理与培训

1. 技术管理

能对纱线质量管理提出建议；能对纬编工艺管理和设备管理提出建议。

2. 指导培训

能对初级工、中级工进行现场操作指导和示范；能纠正纬编生产操作中的问题。

第二章 培训专业知识

本次竞赛的教材沿用行业长期使用的常规教材《纬编操作工职业技能培训教程》（1996版、2005/2006版）及在该教材基础上新编的针对竞赛的教材。

一、针织与线圈

（一）针织分类

针织是利用织针将纱线弯曲形成线圈，并使线圈相互串套起来形成织物的工艺技术。根据成圈的方法与过程（工艺特点）不同，针织可分为纬编、经编两个大类。纬编和经编都有单面、双面之分。图4-1（a）（b）所示分别为单面纬编线圈和单面经编线圈结构图。

（二）线圈结构

线圈是组成针织物的基本结构单元。纬编针织物中，线圈由2个圈柱、1个针编弧和

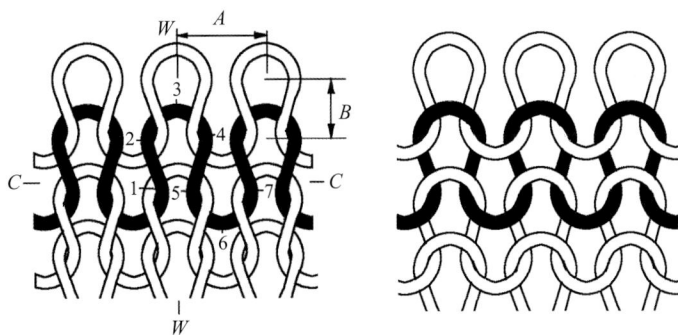

(a) 单面纬编线圈

图4-1

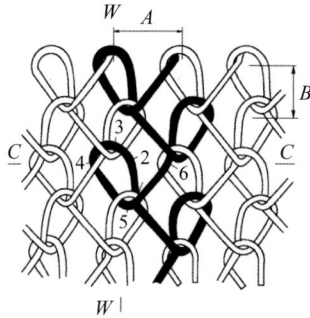

(b) 单面经编线圈

图4-1 纬编线圈

1个沉降弧组成，圈柱和针编弧统称为圈干。线圈有正反面之分，线圈圈柱覆盖在旧线圈针编弧之上的一面，称为正面线圈。在针织物中，线圈沿织物横向组成的一行称为线圈横列，沿纵向相互串套形成的一列称为线圈纵行。线圈横列方向上，两个相邻线圈对应点之间的距离称为圈距A，线圈纵行方向上，两个相邻线圈对应点之间的距离称为圈高B。如图4-1所示。

二、大圆机核心结构

大圆机由供纱机构、传动机构、编织机构、电气控制机构、牵拉卷取机构、润滑清洁机构、机架等构成。编织机构是大圆机的核心，主要包括针筒、织针、沉降片、导纱装置（纱嘴）、编织三角和三角座等部件。针筒是安装织针和沉降片的装置。

（一）织针

普通圆纬机上用的舌针（图4-2），同一型号的织针，针踵高低有区分，不同针踵的织针在与之相配的针道上运动，完成不同的线圈组织结构。织针各部位名称如下：

针杆1：织针的本体，在针筒的针槽里相对针槽做上下运动的同时又随针筒做圆周运动。

针钩2（针头）：在成圈过程中钩住纱线。

针舌3：在成圈时可以绕针舌销转动用以打开或关闭针口。

针舌销4：针舌转动轴，当针舌闭口时易形成一个对纱线的夹持区，称为剪刀口。

针踵5：通过三角组成的运动轨迹使织针做上下运动，完成纱线成圈。

针尾6：织针的本体，与针杆一体。

针头内点7：钩住纱线，形成新线圈。

图4-2 织针（舌针）

（二）三角

根据编织不同品种需要，三角控制织针和沉降片在针筒槽内做往复运动。编织三角主要有成圈三角、集圈三角、浮线三角。成圈三角由弯纱三角（又称压针三角）、退圈三角（又称起针、挺针三角）组成，如图4-3所示。弯纱三角可做上下微量调节，以改变弯纱深度，其工艺参数包括三角倾斜角度、三角高度等。

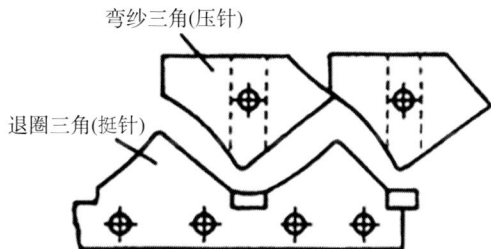

图4-3　成圈三角

三、针织物特性

从毛坯和定型后面料来分析织物的主要特性。

1. 脱散性

针织物中纱线断裂或线圈失去串套联系后，线圈与线圈发生分离的现象称为脱散性。脱散性与织物的纱线原料种类、纱线的摩擦系数、纱线的抗弯刚度及组织结构、织物的未充满系数等因素有关，纬平针结构脱散性较大，提花、双面结构则较小。

2. 卷边性

针织物在自由状态下，其布边发生包卷的现象称为卷边性。这是由于线圈中弯曲线段所具有的内应力力图使线段伸直所引起的。卷边性与针织物的组织结构、纱线捻度、纤维和纱线性能以及线圈长度等因素有关。单面织物卷边性较严重，且密度越紧卷边越严重。

3. 形变回复性

由于织物由线圈串套而成，受外力作用时，线圈中的圈柱与圆弧发生转移，即线圈发生形变。在外力不大的条件下，织物就能产生较大的变形。当外力消失后，线圈力图回复到其在织物加工中获得定型的形态。这一特性使针织服装使用时具有合体性和舒适感。

4. 透气性

多孔多间隙结构既有利于气体流通，又能握持较多空气，产生保暖效果。

5. 柔软性

线圈结构决定针织物松散、易变形及柔软等特性。

6. 勾丝、起毛起球

面料在使用过程中碰到坚硬的物体时，纤维或纱线会从织物被勾出，这种现象称为勾丝。在穿着、洗涤过程中，面料不断受到摩擦，纱线表面的纤维端露出面料表面，这类现象称为起毛；当起毛的纤维在以后的穿着中不能及时脱落，就会相互纠缠在一起被揉成许多球形小粒，称为起球。针织面料勾丝、起毛、起球比机织面料更易发生。

第三章　预赛各显其能

选拔在全国各地进行，预赛在14个省市举行。

一、基础规则

总结纬编工历年职业技能竞赛，提出本次竞赛的基础规则。

（一）比赛条件

1. 比赛机器及工艺条件

单面机建议采用：28针，34英寸，2跑道，102路，吊纱嘴，高低踵1隔1排针，纬平针组织；

双面机建议采用：24针，34英寸，2+4跑道，72路，双罗纹对位排针，2抽1、3抽1、4抽1抽条棉毛组织循环（抽上针）。

用纱：40英支精梳棉纱，20旦氨纶。

2. 计时规则

比赛起始、结束时间：以选手准备工作做好，按下计时器开始，项目做好按下计时器结束，准备工作时间每项不超过2min，如选手准备时间超时，裁判员有权按下计时器开始计时。

3. 安全规范

除穿纱套（引）布外，不允许使用强制开关，操作过程中安全门需要打开或通过观察窗身体进入安全门区域内时，必须先打亮纱灯两路。

4. 工具准备

除机台本身配备的工具外，其他比赛用工具选手自备（如开针器、氨纶小叉、剪子、毛刷、湿画粉等，不能使用记号笔）。

5. 总分与项目

总分100分，5个项目的基本分可均为20分，也可根据难度等因素分配。

（二）竞赛规则

本次竞赛项目设置与基础规则见表4-1，各地选拔可以根据实际情况适当调整。

表4-1　2014年针织行业专业技能竞赛项目设置与基础规则

竞赛流程	操作质量检查内容	扣分单位	扣分
项目一：穿纱套（引）布（单面） 基准时间：240s；扣分办法：∓0.1分/±3s			
项目准备：保全工在针门的右侧第2路开始向右断3路纱，第一路压针最低点到第四路压针最低点间为掉布区。清掉储纱器上的纱线，纱线一头留在割纱刀上部 选手准备：棉纱留足长度、搓捻纱头；氨纶丝正确放置、好好纱头 选手实操：启动计时器；按工艺流程穿纱（储纱器上纱线圈数不少于20圈，不多于30圈）；套布（方法不限）；打开针舌；手动、点动机器正常运转，转过一周后停机；按停计时器	1. 穿纱不符合工艺路线	处	5分
	2. 纱线在储纱器上缠绕少于20圈（取消时间加分）或多于30圈		1分
	3. 坏针（使用金属开针器引起的取消时间加分）、花针	处	5分
	4. 漏针（超过5cm）	枚	1分
	5. 扎手	枚	5分
	6. 用织针打开针舌（取消时间加分）		20分
	7. 机台没有正常运转超过操作位置一周或机台运转不先停车就按下计时器		酌扣

竞赛流程	操作质量检查内容	扣分单位	扣分
项目评判：保全工开机编织10转，裁判员检查质量 特别提醒：打开针舌可用毛刷或开针器（或非金属开针制品），不能用金属制品（含织针）；喂入氨纶可用氨纶小叉；操作中若有非选手操作发生故障需及时处理，则由裁判员判断、计时，扣除该段时间	8. 交付后出现跑氨纶	处	2分
	9. 储纱器输纱带不复位	处	8分
	10. 强制开关不复位	处	8分
	11. 改变旁边氨纶的位置	处	2分
	12. 用金属制品拨开针舌	枚	5分
项目二：排针（单面） 基准时间：90s；扣分办法：∓0.1分/±3s			
项目准备：保全工以成圈系统走针轨迹挺针最高点为中心共抽出9枚针，跑道外设挡板，将高低踵针各5枚放在针袋内 选手准备：检查织针质量，可按高低踵排针，放置织针、三角座及工具 选手实操：启动计时器；打亮纱灯两路，拿掉挡板；根据织针排列顺序将9枚针插入针槽内；复原织针轨迹；放好三角座，拧紧螺丝；（手动）、点动机器正常运转，操作位置转过一周后停机；按停计时器 项目评判：保全工开车15转以上，裁判员检查质量	1. 用金属工具开针舌	次	2分
	2. 出现撞针		20分
	3. 没有完成排针		20分
	4. 没有按顺序排针	枚	2分
	5. 没用六角扳手长端紧固（取消时间加分）	处	2分
	6. 三角座未盖平	处	20分
	7. 三角座没有拧紧（三角座不晃动即可）（取消时间加分）		5分
	8. 强制开关不复位		8分
	9. 操作结束后，因选手人为操作出现的漏针（超过5cm）、洞眼	枚/处	2分
	10. 排针处出现坏针	枚	2分
	11. 机台没有正常运转超过操作位置一周（取消时间加分）	处	2分
	12. 未点动或者摇动直接开机		5分
	13. 工具没有放回指定位置	件	5分
	14. 少打亮或未打亮纱灯（路）	路	2分
项目三：更换错针（双面）（抽条棉毛与罗纹均可，但基准时间不同） 基准时间：100s；扣分办法：∓0.1分/±1s			
项目准备：错针的位置在针门对面一侧，裁判员抽签决定具体错针位置；保全工将该位置抽针上正常编织的一枚上针抽出；其他恢复正常并开织，直至换针处进入卷布辊内，停机；提供高低踵针各1枚	1. 未找出或找错（取消时间加分）	枚	20分
	2. 出现撞针		20分
	3. 三角座未盖平		20分
	4. 三角座没有拧紧（三角座不晃动即可）（取消时间加分）		5分
	5. 没用六角扳手长端紧固（取消时间加分）		2分
	6. 强制开关不复位		8分

竞赛流程	操作质量检查内容	扣分单位	扣分
选手准备：检查织针质量 选手实操：启动计时器；（手动）、点动机器，正常运转找出这枚错抽针的位置；打亮纱灯两路；打开针门；插上一枚正确针踵的上针；关上针门，拧紧针门（最后用六角扳手长端紧固）；错针放在针盒内，（手动）、点动机器；机台正常运转到超过操作位置一周停车；按停计时器 项目评判：裁判员检查质量	7. 错针损伤（歪针杆/歪针头等）		2分
	8. 错针没有放置在针盒内	枚	1分
	9. 换针（上针）旁边有漏针	处	2分
	10. 机台未正常运转超过一周或机台正常运转不先停车就按下计时器（取消时间加分）	枚	1分
	11. 直接开机		10分
	12. 不打亮纱灯		3分
	13. 未按顺序先打亮纱灯后拆螺丝		2分
	14. 只打亮一路纱灯	处	2分
	15. 操作完成后工具未归位	处	5分
	16. 换上的上针针舌未打开或坏针	枚	2分
项目四：找错纱（双面） 基准时间：150s；扣分办法：∓0.1分/±1s			
项目准备：保全工选一根JC50英支换上，开机织到横路出筒口可见时停车，正常纱放在控制面板上 选手准备：入场，做好心理准备 选手实操：启动计时器；根据布面出现的横路，找出相应的错纱，方法不限，将错纱更换成正常纱线，正常开机运转至少一周，错纱放到控制面板的台面上；按停计时器 项目评判：裁判员检查质量	1. 正常开机运转不到一周或在机台正常运转下不先停车就按下计时器		1分
	2. 错纱未放到控制面板的台面上		1分
	3. 未找出（取消时间加分）		20分
项目五：接纱（5根纱） 基准时间：45s；扣分办法：∓0.1分/±2s			
项目准备：机台正常运转，备好5只质量好的大纱筒 选手准备：进场，可将5只纱筒放在小纱旁边的纱架上，整理小纱的预留纱头长度，准备大纱的纱头位置 选手实操：选手启动计时器；找出大纱纱头；与小纱筒子上预留纱头接好，打结头（蚊子结或套结），纱尾长度不超过3mm；按停计时器 项目评判：裁判员检查质量	1. 结头尾纱长度超过3mm（含毛羽）	只	1分
	2. 结头不牢（结头边断开不计）	只	2分
	3. 纱打捻	处	1分
	4. 碰断旁边纱线（取消时间加分）	处	2分
	5. 漏接（取消时间加分）	只	4分
	6. 结头双扣	只	1分
	7. 剪（掐）断的线头附纱线上未处理	处	1分
	8. 不是蚊子结或套结方式打结	只	4分

二、选拔与预赛

在各地选拔中，操作培训分为两类，一类是常规操作的演练，另一类是新操作法的普及。选拔方式存在差异，竞赛采用不同机型，但都围绕行业技能标准和操作标准，普及操作规范性方法，图4-4为各地操作比武现场组图。

图4-4 各地操作比武现场组图

　　理论考试是传统项目，不仅是基本知识考试，也是操作理论考试，还要充分体现新机型、新技术。本次竞赛选拔中无论是企业选拔，还是省市预赛，都十分重视理论知识考试，图4-5所示为江苏预赛操作知识问答环节，图4-6所示为上海一企业选拔赛理论知识考试，图4-7所示为福建凤竹企业内部选拔赛的理论知识考试。省市预赛对于优秀选手都会给予一定的荣誉，图4-8所示为广东预赛获奖选手。

图4-5　江苏预赛操作知识问答

图4-6　上海一企业选拔赛理论知识考试

图4-7　福建凤竹企业内部选拔赛理论知识考试

图4-8　广东预赛获奖选手

第四章　决赛彰显激烈

一、优胜选手（前30名）

　　1. 姜正涛，青岛即发集团股份有限公司；2. 杨敬刚，青岛即发集团控股有限公司；3. 蓝传杰，青岛即发集团控股有限公司；4. 于昌盛，青岛即发集团股份有限公司；5. 江保龙，青岛颐和针织有限公司；6. 黄红生，东盈纺织有限公司；7. 叶锦华，东成立亿纺织有限公司；8. 黄佳振，佛山市嘉谦纺织有限公司；9. 李春梅，山东魏桥创业集团有限公司；10. 徐海涛，青岛华诺针织有限公司；11. 黄燕婷，福建凤竹集团有限公司；12. 孙小美，山东魏桥恒富针织印染有限公司；13. 梁伟，广东溢达纺织有限公司；14. 杨苗苗，山东魏桥恒富针织印染有限公司；15. 姜立萍，山东魏桥创业集团有限公司；16.彭彩军，江苏金辰针纺织有限公司；17.毛亚非，福建凤竹纺织科技股份有限公司；18.杨帆，青岛贵华针织有限公司；19.曾华杰，江苏金辰针纺织有限公司；20.亓恩梅，济南元首针织有限责任公司；21.王凤，济南元首针织股份有限公司；22.古雪群，佛山市恒盛佳纺织有限公司；23.刘小青，南通泰慕士服装有限公司；24.宋修磊，青岛颐和针织有限公司；25.桂美玲，上海三枪（集团）有限公司。

二、优秀选手表现

本次竞赛优秀选手（决赛前16名选手及各个单项前5名选手）表现较为突出，表4-2为优秀选手平均用时、得分及操作质量情况。教练员、裁判员联合技术点评：

各个单项前三名选手用时，与基准时间、平均操作时间和操作时间中的位数相比，用时最少的项目是找错针、找错纱。顶尖选手凭借专业知识和实际操作经验比一般优秀操作者快一倍的速度完成操作。在排针、接纱环节，顶尖选手的操作优势与优秀选手的差距较小，说明许多选手都达到高水平。套布操作中，优秀选手之间的差距在缩小，顶尖选手的优势在于质量扣分少。

总体看，参赛操作工的技能水平与首届相比略有提高，基本功扎实的选手较多，操作全能型选手在增加。但是，在各个单项都能保持前列的选手还不多，熟练掌握关键性操作绝活的操作工还不多，行业技能人才专业队伍培育任重道远。

表4-2　优秀选手平均用时及得分

项目	基准时间/s	熟练操作者用时/s	前三名平均用时/s	熟练操作者得分（满分20分）	前三名平均得分率/%	熟练操作者质量扣分情况
排针	90	70～90	58	15～19	99.71	扣分很少，选拔赛中错误及扣分多
穿纱套布	240	170～225	168	14～18	98.01	扣分较少，选拔赛中扣分少，但是熟练程度差异大
找错针	120	60～105	46	13～15	98.81	极少未找出，选拔赛中扣分也较少
找错纱	150	90～135	44	14～16	95.31	少数未找出，选拔赛中未找出明显较多
接纱	45	30～38	25	17～18	99.19	不扣分，选拔赛中扣分略多

三、竞赛保障

（一）裁判员配备

一批裁判员，作为行业技能人才队伍正在成长。雷宝玉（图4-9右），知名针织技术专家，长期支持纬编工竞赛，从事设备调试指导，担任全国决赛的裁判员、技术顾问。朱学良（图4-9左），知名针织专家，指导选手循循善诱、深入浅出，受到选手喜爱，多次担任横机工、纬编工竞赛全国决赛的裁判员、副总裁判长。

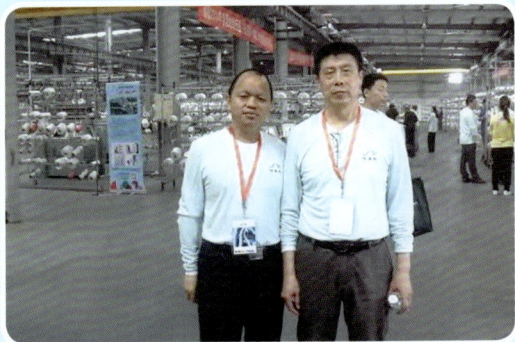

图4-9 裁判员朱学良（左）、雷宝玉（右）

（二）决赛服装

为决赛专门设计的选手服装和裁判员服装更加专业、系列化，适应机型、季节及环境等需要，确保选手正常发挥操作水平，系列产品纱线以棉为主，颜色以黄色为主。图4-10为纬编工竞赛选手服（秋季）设计效果图。一些省市也为竞赛设计制作服装。

图4-10 纬编工竞赛选手服（秋季）设计效果图

（三）决赛场地

决赛场地因地制宜，烘托专业大赛的气氛，图4-11为本次竞赛全国决赛现场。

图4-11 竞赛现场，大赛气氛十分浓厚

第五篇 2015年中国技能大赛：全国纺织行业"龙星杯"横机工职业技能竞赛 全国纺织行业"龙星杯"服装制板师（电脑横机）职业技能竞赛

横机编织效率因采用电脑控制得到极大提高，电脑绘制也对横机操作提出更高要求。竞赛突出以下特点：

（1）通过举办职业技能竞赛，加强实际操作与工艺设计相结合，增强劳动者职业素养，培养一批懂理论、技能高的全能型技能人才。

（2）针对横机电脑控制以及精密化、提花功能不断改进的要求，通过竞赛助推国产横机自动化、数字化、信息化先进技术的应用及软件水平提高。

（3）竞赛有利于横机制造中电脑与机械的进一步融合，电脑横机操作和电脑横机服装制板竞赛的联接，对于培养全能型人才是个尝试。

第一章 组织

一、改进竞赛组织方案

改进主要体现在教材增加制板和工艺等相关内容、比赛内容体现操作与工艺结合等。

（一）竞赛职业及选用机型

职业：横机工、服装制板师（电脑横机）；机型：电脑横机（决赛采用龙星牌）、琪丽制板软件。

（二）教材编制

参照行业通行培训教材《横机工操作教程》编制针对性的培训教材，横机工竞赛重点突出实操，服装制板师（电脑横机）竞赛则重点突出制板设计实用技能与知识。

（三）比赛内容

理论考试突出综合操作知识的掌握，突出质量和效率意识的培养；操作比武突出电脑横机挡车操作（换针、穿纱、接纱、密度确认和生产资料输入）、制板操作（非成型衣片制板和成型衣片制板）。

（四）参赛人员

针织行业企业横机工及服装制板师（电脑横机）均可参加。初步确定参加总决赛的名额为横机70～80名、服装制板师（电脑横机）18～25名。

二、探索竞赛向技能鉴定延伸

本次竞赛组织实施过程中对行业技能人才培育提出改进措施，如职业等级技能鉴定体系的完善，推动行业高技能人才的认定和培育等。

1995年以前，上海中华一针、上海针织九厂、北京针织总厂、天津针织厂、石家庄纺织经编厂等一批国有大型企业开展技能培训鉴定工作探索取得成效显著，为行业提供示范，后来圆机培训与鉴定工作的做法向横机、袜机等机型拓展，主要企业的做法向行业推广。1996～2003年行业协会在政府部门领导下，组织企业开展技能培育和鉴定试行工作，形成了技能鉴定坚实的行业基础。

行业职业技能鉴定采取理论知识考试、技能考核及综合评审的形式。理论知识考试采取笔试、机考方式，考核从业人员应掌握的基本技能和相关知识；技能考核主要采用现场操作、模拟操作等方式进行，主要考核从业人员应具备的技能水平、安全生产或操作的关键技能；综合评审主要针对技师和高级技师，通常采取答辩、审阅申报材料等方式进行全面评议审查。

无论是企业鉴定，还是行业鉴定，理论考试、技能考核以及综合评审都实行百分制，三项成绩均达60分为合格。

第二章　培训

一、培训的实施办法
（一）理论与实操相结合的培训

理论与实操相结合是2012年行业竞赛时根据横机工基本技能的特点提出的，近三年得到具体实施。主要体现以下三个结合。

（1）通常的挡车操作培训，以企业培训为主，解决生产一般问题；

（2）结合横机织物设计与质量的操作培训，拓展多种机型；

（3）结合制板知识及制板开发等方面的培训，重点培训行业全能型操作人才。

（二）培训纲要

经过行业试套，围绕三个结合推出培训纲要，见表5-1。

表5-1 针织操作工培训纲要

项目	结合1（基础）	结合2（提升）	结合3（拓展）
培训人员范围	企业	企业、集群、区域	区域、省市及全行业
主要培训内容、突出技能标准	1. 针对企业生产的操作规程和操作方法，基本知识 2. 企业操作标准与操作法	1. 针对企业生产的基础知识拓展，突出实操与生产工艺结合 2. 操作规程与操作方法，突出多品种和质量保证 3. 行业技能标准与操作规程	1. 针对省市竞赛操的作规程和操作方法 2. 生产工艺、制板与操作方法、操作规程的综合 3. 行业标准与区域先进操作法
培训时间	6~15个工作日	4~7个工作日	4个工作日
培训方式	企业常规培训	企业岗位练兵，区域、集群竞赛及培训	区域、全行业培训
师资与教练员	企业教练员、行业教练员	行业教练员	行业专家、教练员

二、培训的导向内容

（一）横编基本知识培训

重点培训采用多种原料进行组织结构较为复杂的织物的生产，按照"三个结合"的培训纲要在各地展开。本次培训主要采用国产电脑横机和国产控制软件。

1. 横机原料

横机编织产品采用棉、蚕丝、毛、麻、黏胶纤维、合成纤维以及新型纤维和复合纤维。操作工培训重点：掌握原料的特性要求，进行各种提花、变化织物的生产实操，确保织物质量，确保编织效应，确保织物性能。

2. 织物组织

培训选用较复杂的组织，以三平、畦编组织为例，要求操作工熟练掌握编织流程，掌握织物性能。

（1）三平组织（半米兰诺）。由1行四平线圈 ⚲ 和1行后针床编织线圈 ⚲ 组成，如图5-1所示。

织物从两面看都是前板编织线圈，但正反两面线圈行数不同，即正反面的线圈行数比为1：2。织物特性：不卷边；两面具有不同的外观，一面线圈紧密，有隐现的凹凸效应，另一面外观平整，有拉长线圈；织物弹性小，但比四平空转织物好；织物具有较好的稳定性，但略低于四平空转结构的织物；比四平空转织物略微薄些。

（2）畦编组织。在罗纹组织基础上加入集圈构成畦编组织，结构如图5-2所示。

织物特性：不卷边，横向弹性好，比单面织物厚；织物两面外观一样，由于有集圈，线圈横向增大。编织部分的密度如同四平组织，集圈部分的密度小于四平组织。

（3）半畦编组织。俗称单元宝，与畦编组织相比，用1行四平编织取代前板集圈后板编织的1行，如图5-3所示。

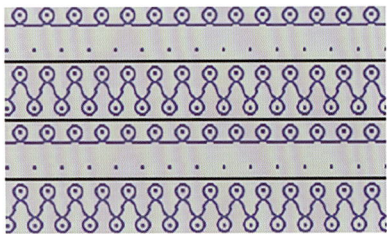

图5-1　三平组织结构

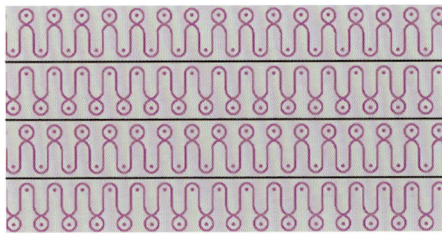

图5-2　畦编组织结构

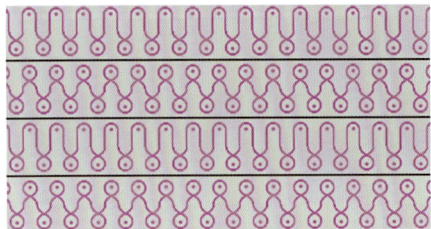

图5-3　半畦编组织结构

织物不卷边，正反面都显示为正面平针，但外形不同，由于后板的集圈动作使得正面成为"胖"圈，且不平整，拉开后可看到集圈时产生的两根纱线，反面非常平整；正反面的行数比为2：1；织物横向变宽，具有很好的弹性和延展性。该组织织物比单面平针织物厚。

（二）企业通行标准的推行

本次（第二次）全国竞赛重点宣贯（企业通行标准）中级工、高级工、技师内容，介绍高级技师内容。以高级工内容为培训基准。培训内容如下：

1. 挡车操作

检验、核对上机编织纱线；工艺核对、检查，掌握工艺单中的计算、示意图；按工艺要求使用针板组件，了解针板对织片质量的影响；按工艺要求和工艺流程编织常见组织结构的织片；进行特殊工艺要求的编织及异形产品的编织；进行运转情况交接。

2. 质量保障

对下机产品进行测量与考量；分辨各种常规纱疵、织疵对于织物的影响；分析设备对织物或织片的质量影响。

3. 产品开发

按工艺完成新样品打样；根据样品制作情况对工艺提出完善建议；对新材料与新工艺的产品做编织试制；对新产品试制过程提出改进意见。

4. 生产管理

对初、中级工进行业务培训，包括实际操作技术指导和示范；检查初、中级工操作规程执行情况；参与编写质量分析报告，参与质量攻关活动；检查班组产量、质量状况，进行统计；对班组生产管理及技能培训提出意见和建议。

（三）各地开展针对性培训

河北清河产业集群地区重点开展常规品种、多种原料的操作培训，深度开展技术交流。浙江濮院产业集群地区通过制板软件推广会，培训多给品种的织物设计与生产操作。广东大朗产业集群地区突出制板设计的内容，同时让职业技术学校学生参与培训。

第三章 选拔

一、考评员培训

针织行业考评员培训的经验积累始于2006年。本次竞赛考评员培训重点是经编工、纬编工、缝纫工等职业、工种相结合，培养全能型人才，造就行业裁判员队伍和教练员队伍。

行业专家采取授课、现场讲解与演示等多种方式培训考评员，拓展知识面，培训针织全领域的操作。同时，采取多种形式，对各级竞赛的组织者进行讲解、培训，把行业培训工作落实到竞赛工作之中。图5-4为考评员证书。

二、规则草案

行业专家推出2015年中国技能大赛：全国纺织行业横机工职业技能竞赛基础标准（表5-2），根据竞赛的推进不断完善。

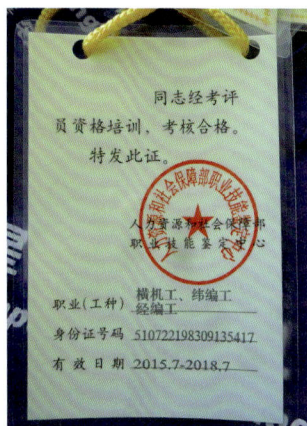

图5-4 考评员证书

表5-2 2015年中国技能大赛：全国纺织行业横机工职业技能竞赛基础标准

比赛用机台：针号为12针，幅宽52英寸（132cm），双系统
比赛用纱：32英支两合股精梳棉纱
机台转速设定：0.85m/s
面料组织结构：平针
比赛起始、结束时间：以选手准备工作做好，按下计时器开始，项目做好按下计时器作为结束，准备工作时间每项不超过2min。疵点制作等准备工作由机台保全工完成
比赛用工具：除针齿推杆由组委会提供外，可自配剪刀、压布刀、尺子、记号笔、计算器

规程	质量检查内容	扣分单位	扣分
项目一：换错针			
基准时间120s，基准得分25分，∓0.1分 / ±1s，操作时间超过180s不计成绩			
保全工按裁判员要求，前针板（针板的一半区域内）换两枚大头针，其中一枚位置在第一块压针齿条范围内。选手入场，按计时器，**按下安全按钮**，找出两枚错针，方法不限，将其中的一枚错针换上正确织针，在另一枚错针所在针槽的两边用记号笔标识，关闭安全门，按计时器，结束	1. **按计时器后、操作前，没有按下安全按钮**		5分
	2. 未找出或找错（取消时间加分）	个	10分
	3. 未换针（取消时间加分）		10分
	4. 扎手，碰伤手		5分
	5. 没有关闭安全门		5分
	6. **使用金属器具开闭针舌**		5分
	7. 压针齿条没有复位		2分

规程	质量检查内容	扣分单位	扣分
项目二：穿纱（6根纱） 基准时间480s，基准得分30分，∓0.1/±3s分，操作时间超过720s不计成绩			
起底弹力纱1个纱筒（纱嘴自定），废纱涤纶丝1个纱筒（纱嘴自定），编织用纱：棉纱线4个纱筒（**纱嘴自定**），共3种6个纱筒及4个纱座放在机台的左侧，纱筒纱头及纱座摆放位置选手自己做准备，按计时器，按下安全按钮，拿纱，放纱，起底弹力纱放在尼龙纱架上，棉纱线放在纱座上，纱线引出按工艺流程穿纱**并保证在穿纱结束后，在此基础上增加纱嘴数量时均不会产生纱线交叉**，经上送纱控制装置—导纱器—织针，适当调节拉簧按钮使侧跳线簧有适当张力，所有纱线打结在所用纱嘴之下不脱离（比赛过程中断纱不计），纱嘴归位到乌斯座，关闭安全门，按计时器，结束。	1. **按计时器后、操作前，没有按下安全按钮**		5分
	2. 棉纱线没有放在纱座上	处	1分
	3. 起底弹力纱没有放在尼龙纱架上	处	1分
	4. **增加纱嘴数量时会引起交叉**	处	2~10分
	5. 纱线交叉	处	2~10分
	6. 不符合工艺路线（每个穿纱工艺点）	处	1分
	7. 没有张力调整	处	1分
	8. 完成后上跳线簧有亮灯	处	1分
	9. 纱嘴没有归位	处	1分
	10. 没有关闭安全门		5分
注：起底弹力纱可不通过夹线盘，不调整张力	注：每条穿纱线路累计扣分不超过5分		
项目三：接纱（4个纱筒） 基准时间50s，基准得分20分，∓0.1分/±1s，操作时间超过75s不计成绩			
4个纱筒放在置纱板上，选手准备纱筒的纱线留头长短及位置，选手按下计时器，找出纱筒纱头，与上送纱控制装置上预留的纱头接好，按计时器，结束。纱尾不超过1cm	1. 不能通过纱结捕结器	只	1分
	2. 试织织片出现破边破洞	处	10分
	3. 纱线兜底	处	1分
	4. 纱尾超过1cm（含毛羽）	只	1分
项目四：调整密度 基准时间200s，基准得分25分，∓0.1分/±2s，操作时间超过300s不计成绩			
机台保全起150针，按抽签标注的三个不同的度目值分别编织各50行的三个织片，织片下机，裁判员告诉选手第一、第三块织片的度目值，选手按下计时器，分析织片密度，将第二块织片的度目值输入，点击第七段—功能输入度目值—确认—复制，按下计时器，保全工开机织好织片，计时重启，选手再次分析织片密度，如果确认按下计时器，结束；如果不确认，再次录入度目值，按下计时器，结束（以金龙机型为例）	每相差1个度目值 度目值确认错误取消时间加分		5分或更多

注 各项最高成绩不超过本项成绩的10%（如：换错针最高成绩27.5分封顶），成绩并列时按不封顶排序；各项计时按时间加减分为最小计分单元，如穿纱482s按480s计时；操作过程安全门打开的情况下，不允许运转机器；下划线标记为重点要求内容。

三、各地选拔

竞赛启动时，组委会就推出竞赛项目、竞赛规则的基础版。北京、河北、上海、江苏、浙江、福建、山东、广东、宁夏、内蒙古、新疆等省（市、自治区）成立组委会。

按照竞赛规则和评分标准的基础版，制订针对性竞赛规则，企业可以根据机台实际状况，制订选拔赛的项目和规则。各地表彰一批技术能手，对预赛达到规定成绩的选手晋升职业技术等级。

（一）上海选拔赛

上海采用多种原料的常规织物和复杂织物组织，按照"三个结合"原则进行培训。原料包括毛、棉、丝、合成纤维以及新型纤维，体现轻薄型、厚重型织物的柔软性、弹性等，确保编织效应与产品质量。以企业多种机型培训为主，还进行集中培训。图5-5所示为上海选拔赛选手演练毛、棉、腈纶编织复杂组织的操作，体现出规范性。

（二）广东大朗职业技术学校选拔赛

2015年8月，广东大朗职业技术学校开展区域培训和选拔赛，培训内容主要依据全国竞赛基础规则。培训对象包括选手和职工。竞赛反映出：职工组明显优势在于操作速度快，节省时间加分方面完胜学生组，质量扣分与学生组基本持平，而职工组操作出现失误的人数较多。学生组在基础理论方面有优势，操作的稳定性并不逊色，学生组培训的效果显著，达到较高的操作水平。表5-3为广东大朗职业技术学校培训选拔比赛成绩比较。

图5-5 上海选拔赛选手操作

表5-3 广东大朗职业技术学校培训选拔比赛成绩比较

分组	实操平均得分（满分100分）	实操最高分	节省时间平均加分（秒分）	主要单项质量扣分	基础理论平均得分（满分100分）	理论最高分	折合平均总分
职工组	79.2	100	31.2	18.9	80	93	79.4
学生组	70.2	96.5	22.6	19.2	87.5	93	74.3
比较	职工组优势较明显	差距很小	职工组优势较明显	两组接近	学生组占优	两组相同	

四、宣传报道

本次横机工竞赛首次列入中国技能大赛行列，图5-6所示为2015年中国技能大赛统一宣传标语。

深入报道竞赛过程已经成为竞赛工作的重要组成部分。组织单位与媒体就报道的切入点、关键点进行沟通。宣传突出竞赛的规模、竞赛对人才建设的推动作用。地方选拔工作通过简报、媒体都进行相关报道，介绍竞赛进展情况，宣传竞赛。图5-7所示为部分省市领队接受《中国工业报》、《中国纺织报》、中国纺织经济信息网等媒体集体采访，介绍组织工作的经验和体会。

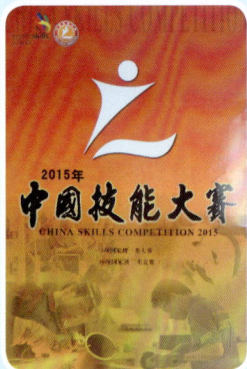

图5-6　2015年中国技能大赛统一宣传标语

图5-7　部分省市领队接受媒体集体采访

第四章　决赛

一、部分优胜选手

（一）横机工竞赛前30名

1. 王兆国，宁夏中银绒业股份有限公司；2. 杜丹丹，上海京清蓉服饰有限公司；3. 郭宝国，东莞市纺织服装学校；4. 杨小琴，宁夏德鸿羊绒股份有限公司；5. 陈彩霞，无锡富士时装有限公司；6. 金学梅，宁夏荣昌绒业集团；7. 李白元，苏州市安琪儿毛衫织造有限公司；8. 武金全，宁夏中银绒业股份有限公司；9. 王传鸣，广东伽懋毛织时装有限公司；10. 杨跃芹，广州市纺织服装职业学校；11. 白玲娟，宁夏中银职业技能培训学校；12. 王利强，上海京清蓉服饰有限公司；13. 岳丽，无锡富士时装有限公司；14. 杜超，宁夏嘉源绒业集团有限公司；15. 陶善菊，上海塔汇针织厂；16. 马海娟，宁夏德鸿羊绒股份有限公司；17. 曾境柱，广东伽懋毛织时装有限公司；18. 张莉，宁夏中银职业技能培训学校；19. 陈丽，上海塔汇针织厂；20. 陈龙东，汕头天辉毛织制品有限公司；21. 顾红燕，清河县澳维纺织品贸易有限公司；22. 邱传柱，清河县众合针织厂；23. 代娇龙，宁夏荣昌绒业集团；24. 崔士达，清河县澳维纺织品贸易有限公司；25. 张莎莎，上海京清蓉服饰有限公司；26. 宋艳，辽宁超懿工贸集团有限公司；27. 高志锁，内蒙古鹿王羊绒有限公司；28. 林亚秋，东莞市圣旗路时装有限公司；29. 李志桁，东莞市常平效明毛织厂；30. 刘凤英，宁夏嘉源绒业集团有限公司。

（二）服装制板师竞赛前8名

1. 曾明委，上海京清蓉服饰有限公司；2. 张桂英，上海塔汇针织厂；3. 高玉林，武汉草原之花羊绒服饰有限公司；4. 陶善菊，上海塔汇针织厂；5. 董瑞兰，内蒙古鹿王羊绒有限公司；6. 韩志强，烟台三羊服饰有限公司；7. 盛晓清，苏州市久美时装有限公司；8. 杨跃儒，清河县奥维纺织品贸易有限公司。

二、诠释竞赛文化

行业职业技能竞赛逐步形成独有的竞赛文化，本次竞赛得到生动诠释。

（一）现场布置完善

竞赛现场布置（图5-8）、引导牌和指示牌（图5-9）、竞赛证件（图5-10），是为了竞赛工作的井然有序，同时也营造了良好的竞赛氛围。竞赛中的活动较多，要求各环节密切配合，形成了一套有效的管理办法。

（二）全体参赛人员操练

运动可以有艺术，技能同样也可以有艺术，艺术在竞赛中展现，发扬光大。运动与技能结合是针织行业竞赛的传统，图5-11所示为参赛选手比赛前的热身运动。

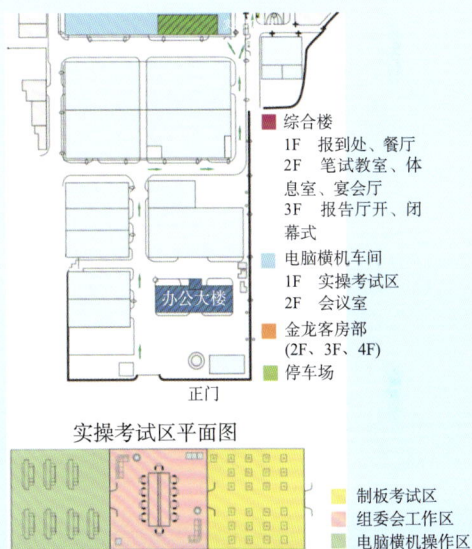

■ 综合楼
1F 报到处、餐厅
2F 笔试教室、体息室、宴会厅
3F 报告厅开、闭幕式
■ 电脑横机车间
1F 实操考试区
2F 会议室
■ 金龙客房部
(2F、3F、4F)
■ 停车场

实操考试区平面图

■ 制板考试区
■ 组委会工作区
■ 电脑横机操作区

图5-8 现场布置平面图

图5-9 引导牌和指示牌

图5-10 统一模式的参赛证件

图5-11　参赛选手做操

三、决赛图片传真

技艺与工艺相得益彰是本次竞赛的基本特征。协作中也鼓励选手、领队、裁判员围绕工艺进行深度交流（图5-12）。

制板竞赛与操作竞赛是两个不同的竞赛，但是对于横机操作就是一体化的人才培训，这一竞赛模式为针织行业培养全能型人才提供借鉴。图5-13所示为制板理论考试，图5-14为制板实操考试。

图5-12　赛前协作，演示为主

图5-13　考试，制板为要

图5-14　高手聚会，各显其能

　　参加决赛的选手都是高手、能手，名次靠前的选手一定是发挥稳定的、技术过硬的，展示出良好的心理状态。荣誉属于大家，也属于全体的参赛者。图5-15所示为领奖现场，图5-16为参赛选手认真听取技术总结报告。

　　优胜选手表演：熟悉规程，理解工艺，符合标准；准确、简洁、连贯，一气呵成；展现规范的动作、矫健的身影。这一系列表演让观众目不暇接、眼花缭乱。如图5-17所示。

图5-15　决赛领奖，共享荣誉

图5-16　技术总结，全体聆听

图5-17　高手表演，引人入胜

第六篇　2016年中国技能大赛：全国纺织行业"润源杯"经编工职业技能竞赛

竞赛以"弘扬工匠精神、走技能成才之路"为主题，继续完善大赛制度，普及先进操作法和实用技术，在经编产业中形成企业比武、层层选拔的体系，推动技能人才培养模式的完善。各参赛省市成立由人力资源、产业工会、行业管理部门和行业协会联合成立的组委会，根据有关政策落实合格选手定级，制订更加全面、完善的表彰办法。鼓励措施包括：对获得前三名的选手，授予技术能手荣誉称号；获得前六名的选手（理论成绩和实操成绩均合格），核发国家职业资格证书；获得前三名，且年龄在35周岁以下的在职职工，授予"青年岗位能手"荣誉称号，等等。

竞赛培训、选拔、决赛等环节突出模块化管理。

工作模块一　技能状况调研

为丰富大赛内容，今年增加多项内容。主要有：在原有经编行业技能人才研究与推进机构基础上，成立由经编专家和经编机械专家等组成的经编机设计制造与运转操作互进研究小组，开展工作；开展行业技能状况调研，以下为调查表格式。

2016年经编行业技能人才调查表（局部）

企业名称：＿＿＿＿＿＿＿＿＿　　地址：＿＿＿＿＿＿＿＿＿＿

邮政编码：＿＿＿＿＿　电话：＿＿＿＿＿＿　传真：＿＿＿＿＿＿

联系人：＿＿＿＿　职务：＿＿＿＿　电话：＿＿＿＿＿　E-mail：＿＿＿＿＿

一、企业基本情况
二、本企业生产经营状况

三、企业技能人才操作水平判断

1. 操作工总人数__人，其中：高级技师__人，技师__人，高级工__人，中级工__人，初级工__人。按照协会专家提出标准，可从事裁判员工作__人，教练员工作__人。

2. 操作工从事本工种时间：15年以上__人；11～15年__人；6～10年__人；3～5年__人；1～3年__人；1年以下__人。平均从业时间__年，同比增加/减小__%。

3. 操作人员年龄结构：18～23岁__人；24～30岁__人；31～40岁__人；40岁以上__人；平均年龄__岁，同比增加/减小__岁。

4. 操作工上岗培训天数__天，其中理论__天，实操__天；平均年培训天数__天。

5. 操作工优势、不足及流动性、紧缺描述：

_____

6. 操作工设计技能水平及适应性描述：

_____

7. 劳动力成本同比_____（限选一项）。

（1）增长20%以上　　　（2）增长10%～20%　　　（3）增长10%以下

（4）基本持平　　　（5）减少10%以内　　　（6）减少10%以上

对收回的370份问卷汇总得出结论，操作工平均年龄30.1岁，同比增加1.2岁；劳动力成本同比基本持平；熟练工比重偏少，可从事教练员、裁判员工作人员数量偏少；不少企业操作工流动性较大。

工作模块二　竞赛规则导向

根据行业实际，提前发布选拔赛规则导向，见表6-1。

表6-1　2016年纺织行业经编工技能竞赛选拔赛规则导向

比赛项目一：挡车（50分）				
比赛条件	操作流程	评分标准		
		时间评分	质量	评分
1. 机器：KS3，机号：28 2. 原料：涤纶DTY 3. 盘头：2只 4. 设置斜穿2根，漏穿、多穿各1根，由导纱针剪断4根。其中，前梳设3处错误，后梳设5处错误，共8处错误	选手示意裁判员准备完成，待裁判员发出开始指令后，选手自己按计时器开始计时。选手找出错纱、漏穿、多穿纱并更正；找出断纱，接纱，将纱线织入并织出一定布长。选手自行按停计时器，比赛结束	分操作时间评判： 1. 完成时间约在参赛选手前1/3的 2. 完成时间约在参赛选手1/3～4/5的 3. 完成时间约在参赛选手4/5以上的，取消比赛成绩	1. 漏换错纱	-2分/根
			2. 漏接断纱	-2分/根
			3. 织物出现破洞	-10分
			4. 编织出现断纱或者漏纱	-5分
			5. 漏换或者漏接错纱达5处，取消该项成绩	

续表

比赛项目二：穿纱（30分）				
比赛条件	操作流程	评分标准		
		时间评分	质量	评分
1. 机器：KS3，机号：28 2. 盘头：2只 3. 头纹：550根/只 4. 原料：涤纶DTY	先将盘头的纱线粘下，选手启动计时器开始计时，选手将纱线分纱，穿好钢丝绳，将纱线拉至梳栉，按顺序依次将纱线穿入导纱针，按停计时器，比赛结束	分操作时间评判： 1. 完成时间约在参赛选手前1/3的 2. 完成时间约在参赛选手1/3 ~ 4/5的 3. 完成时间约在参赛选手4/5以上的，取消比赛成绩	1. 纱线擦到盘头边	−1分/处
			2. 出现空穿	−2分/处
			3. 出现斜穿	−1分/处
			4. 出现多穿	−2分/处
			5. 质量扣分≥15分，取消该项比赛成绩	
比赛项目三：处理坏针（20分）				
比赛条件	操作流程	评分标准（质量分扣分≥5分，时间不作加分项）		
		时间评分	质量	评分
1. 机器：KS3，机号：28 2. 原料：涤纶DTY 3. 盘头：2只 4. 设置坏针10枚，每枚坏针相隔5cm以上	选手示意裁判员准备完成，选手按计时器开始计时，找出坏针，用纸条标记在坏针左侧，选手按停计时器，比赛结束	根据多种因素确定	漏标或标错坏针	−2分/枚

注 比赛时间记录到秒。

工作模块三 技能标准推广

根据经编行业特点和工种培训需要，从本次开始，竞赛还开展区域性"穿纱工""挡车工"和"保全工"等相关工种和职业的比赛，可参照行业教材《经编操作基础教程》所涉及的工种。因此，技能标准既与经编操作法推广结合，又与相关职业、工种操作法推广互动。

一、行业技能标准推广主要内容

以《经编工行业职业技能标准》中的高级工基本要求（应知应会）为指导，开展高速、花边、双针床等机型操作规范与操作速度互进培训。技能培训要求如下：

（一）经轴、纱线准备

1. 经轴准备

能识别供纱装置结构，进行相应调节；能进行纱架供纱张力器的张力调节。

2. 纱线准备

能按工艺要求排列设置花经轴纱线；能进行花经轴的引纱、分纱。

（二）机台调节

1. 梳栉横移调节

能进行多梳机或双针床机型梳栉的位置调节；能核对工艺、检查花型。

2. 穿纱

能进行4把以上梳栉对纱穿纱；能根据提花组织的纱线对花要求进行穿纱。

（三）机台挡车

1. 巡视处理

能进行网眼、多空穿、毛圈、大提花、多梳等品种及成型产品编织的挂布；能进行上机挂布的张力控制、调节，花型对位、乱纱处理。

2. 处理疵点

能分析判断布面紧纱、集针、纵条、横条等织疵产生的原因，进行相应调节；能处理盘头纱线绞纱；能处理多梳栉编织断纱。

（四）设备维护保养

1. 设备检查

能检查送经、横移、卷取、密度等工艺执行情况；能对主要调节装置进行检查。

2. 机台维护

能更换坏针；能校正织针与针芯；能进行重点润滑部位、各调节装置的维护保养。

二、推进"针织行业全能型教练员造就工程"

本次竞赛正式提出"针织行业全能型教练员造就工程"，主要工作是通过竞赛等系列活动和相关工作，培养一批熟悉、融通纬编工、横机工、经编工及设计与制板等方面技能的专业技术骨干；对于操作法进行深度总结，探讨各职业操作的综合归纳等。图6-1所示为这一工程专家组副组长魏福宝。

图6-1 "针织行业全能型教练员造就工程"专家组副组长魏福宝（一排左一）

工作模块四 操作方法普及

一、重点操作方法的交流与推广

重点考核操作的规范性、正确性，综合考核操作的速度与质量，考核相关原理、机理及挡车操作对坯布质量的影响，考核不同机型的不同操作方法，突出高速、花边、双针床三种机型的"保全""穿纱""挡车全流程"环节。

1．综合穿纱环节

重点包括穿纱、分纱、引纱、排纱、对纱，排列花经轴纱线，重点考核操作的正确性、合理性、科学性。综合考核操作的速度与质量，鼓励多种穿纱方法。

2．处理疵点环节

掌握紧纱、集针、纵条、横条等织疵产生的原因，能处理盘头纱线绞纱；能处理多梳栉编织断纱。

3．成圈机件更换与调节环节

判定、更换损坏的织针、导纱针等；校正织针与针芯、织针与导纱针的配合位置，考核不同机型（高速、花边、双针床三种机型）的不同操作方法等。

4．送经牵拉等工艺执行环节

能进行网眼、多空穿、毛圈、大提花、多梳等品种及成型产品编织的挂布；能进行上机挂布的张力控制、调节，花型对位，特殊品种的挂布操作调整基本方法等。

二、精细化操作的推行

精细化操作要求：动作规范合理、准确到位、连贯熟练，没有多余动作；在确保质量前提下，讲求速度。经编行业于1988年提出"精细化操作"概念，其定义逐步完善。图6-2所示为本次竞赛精细化操作推行的一个实例。

图6-2 精细化操作推广实例：细腻规范的手法

工作模块五　专业知识培训

根据行业普及教材《经编操作基础教程》编写"2016年中国技能大赛：全国纺织行业经编工职业技能竞赛"针对性教材，进行巡回讲解。

2016年全国纺织行业经编工职业技能竞赛理论知识试题

一、填空题（部分）

1. 按照针型经编机可分为**槽针**、**舌针**、**钩针**经编机。

2. 经编机主要由**成圈机构**、**送经机构**、**梳栉横移机构**、**牵拉卷取机构**、**传动机构**、**集成控制机构**等构成。

3. 经编机针床工作幅宽为168英寸，可使用**8**个宽度为21英寸、直径为21英寸的盘头。

4. 槽针高速经编机成圈机件包括**槽针及针芯**、**导纱针**、**沉降片**。

5. 在槽针高速经编机上，沉降片主要起**握持旧线圈**作用。

二、判断题（部分）

（×）1. 经编生产用的原料主要是天然纤维纱线和混纺纱线，涤纶长丝、锦纶长丝也使用。

（×）2. D（旦尼尔）是一个纱线细度的指标，D数值越大，表示纱线越细。

（√）3. 用40D/48F表示的纱线，意味着每一根40旦的纱线中，包含有48根单丝。

（×）4. 经编整经时，原料批号不同，只要生产日期接近都可以混用，但必须经过经编生产检验坯布质量合格。

（√）5. 75D/72F中的"72F"是指这根复丝当中有72根单丝。

（×）6. 氨纶整经是靠盘头主动牵引，将纱线从纱筒上退绕出来卷到盘头上。

（√）7. 如果整经时个别纱线的张力出现较大偏差，经编布面上将会产生纵条。

（√）8. 整经质量对经编质量影响很大，经编中的疵点许多是由于整经不良而造成的，因此抓经编质量必须从整经抓起。

（×）9. 经编上机时，整经工序的盘头无工艺数据，可以先上轴，后验证再补上，但是必须确保正确。

（√）10. 上轴操作吊运经轴前，一定要拧紧经轴、盘头的固定螺丝，以防止经轴倾斜，而发生盘头下落事故。

（×）11. 导纱针垫纱时，垫纱点越高越容易产生漏针，因而垫纱点是越低越好。

（√）12. 经编编织中，挡车工发现纱线张力突变，应立即停车检查，处理完毕才能再开车。

（√）13. 经编机完成成圈编织是通过织针和导纱针相对运动形成。

（√）14．导纱针垫纱运动可分解为：针背横移、针间摆动、针前垫纱、针间回摆。

（√）15．电子送经的工作原则是：确保经纱的输送线速度与工艺要求保持一致。

（×）16．经编机机号为28E，使用宽度为21英寸盘头，纱线588根满穿。如果第一个盘头的第一根纱从第1块导纱针的第5根导纱针开始穿，那么第四个盘头，应该在第64块导纱针上第20根导纱眼上开始穿。

（√）17．经编机梳栉数目越多，表明导纱针摆动动程越大，梳栉数多是制约经编机运转速度的主要因素。

（×）18．梳栉摆动动程与横移有关，横移针距越大，摆动动程通常就越小。

（√）19．送经量的大小随机号的增加而减少，随纵密的增大而增大。

（×）20．在导纱针垫纱时垫纱点越高越容易产生漏针，因而垫纱点是越低越好。

（×）21．编链组织的线圈纵行之间有一根纱线联系，因此可以单独应用组成一种经编织物。

（√）22．编链组织是对针同一枚针的编织，必须与其他组织结合才能形成织物。

（√）23．经编织物使用时既可以是工艺的正面，也可以是工艺的反面，两个布面风格不同。

三、单选题（部分）

（C）1．整经机中的贮纱装置在发生 ___ 时使用。

A．纱线细度不匀　　B．纱线张力不匀　　C．断纱或纱线有明显疵点

（C）2．170英寸、E22的经编机的总针数为____针，使用____个21英寸盘头。

A．4760，10　　　　　　　　　　B．4760，8

C．3740，8　　　　　　　　　　D．3740，10

（B）3．特里科型和拉舍尔型经编机的主要区别在于____。

A．织针的类型　　　B．坯布牵拉的角度

C．织针动程的大小　　D．机器运转速度的高低

（C）4．下面几种织针中，在经编编织工作中动程最小的通常是____。

A．舌针　　　　　B．钩针　　　　　C．槽针

（D）5．送经量习惯用每"腊克"送经量，即编织____个横列时需送出的经纱长度（常用mm作为单位）。

A．1000　　　　B．100　　　　C．900　　　　D．480

（C）6．垫纱数码1-0/1-0//表示的经编组织是____。

A．经平　　　　B．经绒　　　　C．闭口编链　　　　D．开口编链

（D）7．垫纱数码0-1/2-1//表示的织物组织是____。

A．闭口编链　　　B．开口编链　　　C．经平组织　　　D．开口经平

（D）8．垫纱数码2-3/2-1/1-0/1-2//表示的织物组织为____。

A．经平组织　　　B．重经组织　　　C．经绒组织　　　D．经缎组织

四、问答题（略）

考察常规经编组织的判定，以及与生产和产品设计相关的知识。

五、计算题（略）

按照循序渐进原则，要求操作工掌握与生产相关的简单的工艺流程和产品设计的计算，要求写出计算过程和步骤。

工作模块六　行业内外宣传

竞赛工作立足基层，服务产业工人。《中国工业报》《中国纺织报》和中国纺织经济信息网等媒体对竞赛进行专题报道，图6-3和图6-4所示为有关媒体报道决赛开幕、闭幕。部分省市、一些产业集群和部分企业也印发大赛活动的简讯、通讯。

图6-3　媒体报道决赛开幕

图6-4　媒体报道决赛闭幕

工作模块七　开展赛余活动

作为竞赛文化的一部分，决赛期间都要开展一些赛余活动，包括跑步、操练、健身等，以及技术交流、专业普及、知识竞赛等，图6-5所示为参赛人员进行晨练活动。

图6-5　全体参赛人员晨练

工作模块八　全国决赛抽签

竞赛流程已经十分成熟，已被广泛借鉴。各项活动的安排，特别是场地安排，竞赛的各项规章制度，特别是裁判员、教练员、选手守则都严格执行。其中，选手和裁判员抽签环节是最吸引大家的环节之一，图6-6所示为选手抽签现场。抽签是公平的，但也是紧张的，或许还有几家欢乐几家愁——充满期待，充满信心、担忧、镇静和喜悦。

图6-6

图6-6　选手抽签现场

工作模块九　理论知识考试

这一时刻、这个地方，最大的感受是"静"。拍摄时不能干扰选手的考试，只好远拍，悄悄地拍下他们的背影（图6-7）。

图6-7　理论考试现场

工作模块十　赛前操作演练

决赛前选手的训练、交流同样认真（图6-8）。

图6-8　决赛前训练、交流

工作模块十一　竞赛总结表彰

一、优胜选手（前30名）（图6-9）

1. 张国美，浙江华昌纺织有限公司；2. 沈海燕，宏达高科控股股份有限公司；

3. 吴芳洁，海宁美力针织有限公司；4. 沈芬仙，浙江华昌纺织有限公司；5. 许琴华，海宁市春晟经编有限公司；6. 吴翠珠，佛山市顺德区纳川纺织实业有限公司；7. 阮国香，宏达高科控股股份有限公司；8. 虞建洪，浙江万方江森纺织科技有限公司；9. 周燕妹，宏达控股集团有限公司；10. 华小叶，浙江万方江森纺织科技有限公司；11. 施晓桃，劲派经编科技有限公司；12. 季红亚，常熟市昌盛经编制造有限公司；13. 张加琴，浙江海宁顺龙染整有限公司；14. 黄水娟，浙江超达经编有限公司；15. 张井凤，广东德润纺织有限公司；16. 黄燕玲，佛山市顺德区纳川纺织实业有限公司；17. 汤惠娟，江门市彩艳实业有限公司；18. 徐红梅，宿迁市群英纺织印染科技有限公司；19. 魏敏，宿迁市群英纺织印染科技有限公司；20. 俞萍，浙江新达经编有限公司；21. 徐月，浙江超达经编有限公司；22. 俞红娟，海宁华颉进出口有限公司；23. 叶练清，江门市彩艳实业有限公司；24. 杜成燕，劲派经编科技有限公司；25. 杨娟，福建省长乐市欣美针纺有限公司；26. 黄彩琴，常州申达经编有限公司；27. 孙学芝，常熟市大发经编织造有限公司；28. 梁带喜，广东德润纺织有限公司；29. 魏小慧，福建省长乐市建欣提花有限公司；30. 罗佰军，福建省长乐市建欣提花有限公司。

二、优秀教练员

田坤，海宁美力针织有限公司；**杜以军**，宏达高科控股股份有限公司；**肖浩声**，海宁市春晟经编有限公司；**陈国明**，宏达高科控股股份有限公司；**陈建刚**，宿迁市群英纺织印染科技有限公司；**陈雪红**，劲派经编科技有限公司；**周建龙**，浙江超达经编有限公司；**黄婉仪**，江门市彩艳实业有限公；**黄赟**，常熟市昌盛经编制造有限公司；**蔡春芳**，佛山市顺德区纳川纺织实业有限公司。

图6-9　总结表彰大会现场

第七篇　2017年中国技能大赛：全国纺织行业"佰源杯"纬编工职业技能竞赛

全国纺织行业纬编工、横机工、经编工职业技能竞赛轮流连续举办，每年举办一个职业，三年一轮回。2017年竞赛是第三个轮回的第一个竞赛。

竞赛的定位是在总结过去两次纬编工竞赛的基础上，从加速培养新时期产业工人出发，提出全面提高操作工技能的同时重点培养全能型技能人才。为此，在培训与选拔中拓宽理论考试、扩大操作考核范围和适当提高实操难度。理论知识方面：巩固操作基本知识，培养生产过程分析问题的能力，逐步培养对技术发展的分析能力。操作技能方面：强化对关键技术操作的熟练程度，突出对织物质量的把控，突出对设备工艺的把握及管理能力的培养。

第一章　提升行业培训

竞赛采取层层选拔、优中选优的方式，在全行业掀起比、学、赶、帮、超的热潮。本次竞赛由行业专家和企业专家结合生产实际开展多种形式的区域性操作工职业技能培训，普及先进操作理念和操作方法。培训主要依据《纬编工行业职业技能标准》中的技师部分，以及在行业通行教材《纬编操作工职业技能培训教程》基础上编制的针对性教材《大圆机操作工培训教材》。培训提升体现在三个方面：

一、推行高等级职业技能标准

根据《纬编工行业职业技能标准》中的技师应知应会基本要求，结合本次竞赛基本比赛项目，重点围绕操作原理、机理，开展培训。培训内容要求如下：

（一）基本挡车

1. 编织

能绘制纬编织物的编织图、意匠图、三角排列图；能制订纬编机基本操作规程。

2. 新产品试制

能对新型纱线提供可编织性建议；能指导新型纱线的上机试制和批量生产，并制订质量可控的操作方法；能对新产品试制过程中的疑难问题提出解决办法。

（二）质量保障

1. 疵点分析

能统计各类疵点，编写纬编生产质量报告，分析疵点产生的原因并进行处理；能分析各工序操作失当对坯布质量产生的影响。

2. 质量改进

能提出制订和修订坯布质量标准的建议；能根据外部环境的变化和使用纱线的种类指导车间温湿度的调节。

（三）设备维护

1. 设备检查

能检查设备的运转状态；能对设备异常提出处理建议；能对设备进行全面的安全检查。

2. 设备保养

能进行纬编设备编织机件的保养；能制订纬编编织机件及辅助设备保养计划。

（四）管理与培训

1. 技术管理

能发现操作技术管理的问题，并提出技术革新建议；能对生产计划提出建议。

2. 指导培训

能对高级工进行现场操作指导和示范；能检查纬编生产工艺执行情况；能对高级工进行操作培训和业务考核；能编制一套纬编机型相应模块培训的教学计划和大纲。

二、深化理论知识培训

教材继续从生产工艺分析、织物结构分析、产品质量分析等多角度进行知识拓展。

（一）织物指标

1. 线圈长度

线圈长度是指形成一个单元线圈所需要的纱线长度，通常以毫米（mm）为单位。可以根据线圈在平面上的投影近似地计算出理论线圈长度；可用拆散的方法测算出组成一个单元线圈的实际纱线长度；还可以在编织时用仪器直接测量喂入织针上的纱线长度。线圈长度不仅决定针织物的密度和单位面积质量，还影响针织物的性能。

2. 密度

密度是指针织物规定长度内的线圈个数，分为横密和纵密。横密是指沿织物横列方向规定长度内的线圈纵行数，纵密是指沿线圈纵行方向规定长度内的线圈横列数。

3. 延伸性

织物受到外力拉伸时伸长的特性为延伸性。针织物的延伸性与织物的组织结构、线圈长度、纤维和纱线性能等有关。

4. 弹性

当引起织物变形的外力去除后，织物恢复原形状的能力称为弹性，它取决于组织结构、纱线的弹性和摩擦系数等。

（二）针织用纱

1. 针织常用纱线表示方法（表7-1）

表7-1　针织常用纱线表示方法

代号	K	J	C	T	PU	A	M	N	R	W
内容	针织	精梳	棉	涤纶	氨纶	腈纶	莫代尔	锦纶	黏胶纤维	羊毛

2. 反映纱线粗细程度的指标

（1）线密度（Tt）。定长制，单位为特克斯（tex），指1000米长纱线在公定回潮率下所具有的质量克数，多用于纯棉、涤棉混纺等短纤类纱线产品。

（2）英制支数（N_e或S）。简称英支，定重制，指在公定回潮率下，1磅重的纱线所具有长度的840码的倍数。如1磅重的纱线有32个840码即为32英支。多用于棉、涤棉混纺等短纤。

（3）公制支数（N_m）。简称公支，定重制，指在公定回潮率下，1克重纱线长度所具有的长度的米数。例如，1000克重的纱线有60个1000米即为60公支。多用于毛、麻类产品。

（4）旦尼尔（N_d）。定长制，指在公定回潮率下，9000米长的长丝纱线所具有的质量克数。N_d数值越高，纱线越粗，反之越细，多用于纯涤、氨纶、真丝等长丝类产品。

（5）各指标的换算

公定回潮率相同时，N_e=0.59 N_m，Tt=1000/N_m，N_d=9Tt。

例如：JM60/C40 40S代表40英支精梳60%莫代尔40%棉混纺单纱；20D PU代表20旦氨纶；JC40S×2代表40英支精梳棉双纱；JC120S/2代表120英支两合股精梳棉线。

3. 纱线分类

（1）单纱。只有一股纤维束捻合的纱，针织常用是Z捻纱，如32S棉表示32英支棉纱。

（2）股线。两根或两根以上的单纱捻合而成的线，通常股纱是S捻，针织常用丝光烧毛纱为股线。如100S/2棉表示两根100英支棉纱合成一股线。

（3）单丝。化纤喷丝头中的一个单孔形成的单根长丝。如40D氨纶表示一根40旦氨纶。

（4）复丝。由两根或两根以上的单丝合在一起。如75D/72F涤纶表示一束75旦的涤纶由72根单丝组成。

（三）坯布疵点

1. 编织疵点（毛坯类）

（1）漏针。织物成圈编织中，织针没有勾到新纱而脱去旧线圈，上下线圈之间失去串套形成的疵点。

（2）花针。不应出现的集圈称为花针，有在一根针上断断续续形成的长花针，有如满天星无规则分布的散花针。

（3）横条。一个或几个横列中连续出现形态有异的线圈，布面有规则地呈现横向条纹。

（4）稀密针。某一纵行的线圈形态有异，例如，出现沉降弧与针编弧明显不对称。

（5）云斑。织物表面出现一片片的薄厚不匀现象。

（6）破洞。纱线断裂产生的洞眼。

（7）油针。加油或换针时在织针上沾染油污造成织物呈现纵向黄黑条。

（8）毛针。织针等造成部分纤维断裂擦伤。

（9）坏针。织针受损。

（10）断纱。纱线受损。

（11）单纱。双纱织物中缺少一根纱。

（12）紧纱。由于某根纱线张力过大所造成的针织物线圈拉紧。

（13）纱线扭结。织物中形成小辫形状。

（14）勾丝。纱线或纱线中的纤维被从织物中勾出来形成一个长的纱套。

（15）翻丝。应该在反面的纱线露在正面。

（16）异型纤维。在织物上出现一个横列或纵向点状或条状的杂质。

（17）脱布。编织过程不能连续进行，造成坯布脱挂的现象。

2. 分析相关疵点

重点掌握：针织用纱产生的质量疵点有粗纱、细纱、黄白纱、大肚纱、油纱、色纱、异型纤维等，染整疵点有色花、锈斑、风渍、折印、纹路歪斜、起毛织物露底和极光等。

了解针织物通常考核的内在质量指标：平方米克重、弹子顶破强力、缩水率、染色牢度，染色牢度包括耐洗色牢度、耐汗渍色牢度、耐摩擦色牢度等。

第二章 总结操作方法

一、在技术演练中总结操作方法

纬编工职业技能培训与各种练兵、操作比武形成常态。参照上一届竞赛的决赛规则和预赛规则进行针对性、选择性、系统性训练已经成为许多企业的常规工作。

本年度技术演练分为重点企业演练、集群演练、区域演练、省市演练形式，各级竞赛基本上都增加演练环节。演练中对加速常规操作方法进行总结，如纱线绕张力轮快速操作（图7-1）、挂布环节刷针舌等操作掌握力度（图7-2）。一项系列操作练习通常附加相关操作的练习，如挂布操作中增加放松输送纱线操作（图7-3）、机上备纱接纱操作（图7-4）。

针对竞赛的演练环节还开展行业专家的点评活动，将演练延伸为深度交流、共同提高操作技术的一种新形式。

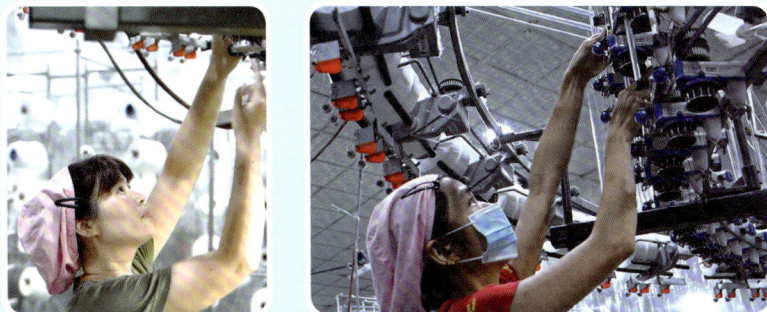

图7-1　纱线绕张力轮操作

图7-2　挂布环节刷针舌操作

图7-3　放松输送纱线操作

图7-4　机上备纱接纱操作

二、在推行技能标准中总结操作方法

本次竞赛的实操方法总结体现在四个环节，采取现场实操与专家评判，改进提高后进入下一轮的实操与评判。

环节一　挡车操作

项目1：编织原理掌握，新纱线的操作，操作规程的完善。

项目2：新产品试开发对于流程操作与方法的新要求。

环节二　质量保障

项目1：疵点分析.统计各类疵点，编写质量报告，疵点产生的原因分析。

项目2：提出质量改进和修订坯布质量标准的建议。

环节三　设备维护

项目1：设备运转检查，设备安全检查。

项目2：参与设备维护保养计划的落实。

环节四　管理与培训

项目1：参与技术管理、技术革新工作。

项目2：参与生产计划、安排。

三、行业趋势（操作法趋势）分析

（一）大圆机发展趋势

（1）编织品种多。全面适应各种常规原料，适用于素色、提花等面料生产。

（2）配置智能化。控制智能化带来操作人性化和高效化，带来设计与管理的提升。

（3）生产产量高。转速均达20r/min以上，3～4路/英寸，长度和重量计产量均提高。

（4）运转稳定好。运转平稳带来生产的高效和产品的优质，噪声明显减小。

（5）综合耗能低。综合耗能呈现平稳下降趋势。

（二）主要操作分析

1．一路穿纱

一般设置：大圆机上任选一路，任一位置剪断一根纱。

操作要点：将断纱一端从筒子上引出，经压线板、张力器、断纱器，与搭在梭子上的一头打结。

注意事项：不漏穿、不出现纱绕柱现象；筒管位置正确。

2．换坏针两枚

一般设置：一枚为歪头针，布面出现直条；一枚为断舌针，布面出现漏针。

操作要点：打开针门，寻找坏针，精细操作取出，换上同型号新针，套好针圈，关上针门，换针结束后开车。

注意事项：开车后不应出现漏针、花针、坏针等现象。

3．消除豁子

一般设置：豁子宽度为上针五枚针宽。

操作要点：手持掸子对准三角区（或目标），拔开针舌，可拔一针，也可拔几针。掸子直向、横向交替应用，刷好后，开车。

注意事项：要求一次性刷好，针舌一次打开；开车后，不出现坏针、漏针、稀路针；开车通常先慢后快。

4．找错纱

一般设置：布面出现的横路。

操作要点：找出相应的错纱，更换纱线，开车，布面横路消除。

注意事项：防止产生漏针、花针。

5. **接纱**

一般设置：确定若干（3个、5个或10个）纱筒，放置在指定位置，进行接纱操作。

操作要点：手托筒子放至筒子架上筒脚管旁边，引出预纱头与筒子上的接头。

注意事项：结头要小而牢，不超过3mm，打蚊子结。

6. **落布**

一般设置：选择单面或双面机，包括提花机，选取常规卷装或大卷装机型，在任意卷布量状态下进行落布操作。

操作要点：打开防护罩，打开压力棒，用剪刀剪开布，取下整卷布（或取下卷布后，取出卷布辊），卷好卷布辊，关好压力棒，关好防护罩，开车。

注意事项：要在防护罩打开的情况下落布；落布时防止卷头端碰上油污渍。

（三）技术分析

评分规则突出在保证质量的前提下提高速度，使比赛出现不少亮点。

1. **穿纱套（引）布**

（1）选手将三根氨纶丝一次弹入一个针钩内，再分别将三根氨纶丝喂入相应的氨纶导纱轮，可减少两次动作。

（2）使用金属开针器虽然效率高，但操作时容易损伤针，因此鼓励自制非金属开针工具。

（3）单面机套布操作要善于判断纱线张力，符合织针能够稳定钩到纱线，即"针吃纱"，如单面机套布中观察"针吃纱"过程（图7-5）、根据"针吃纱"状况掌握刷针舌力度（图7-6）等操作。

图7-5 单面机套布中观察"针吃纱"过程

2. **换错针**

借助辅助光源，通过反光效果不同在一排织针中找到错针。

3. **找错纱**

（1）初步判定错纱所在区域后做好记号，用手摸纱筒的侧面，50英支纱比40英支纱的纱筒光洁，这种方法比单根纱判断更清晰。

（2）借助纱线条干观测判定，少数纱支较粗或较细的纱线在黑板上条干较明显。

图7-6 单面机套布中根据"针吃纱"状况掌握刷针舌力度

第三章 讲究报道角度

行业及其他相关媒体对竞赛全过程进行深度报道。竞赛组委会坚持编写简报，传递竞赛信息，指导各地选拔，以下为部分简报的简要内容。

第一期，5月，针织行业开展纬编工岗位练兵活动

5月开始，上海市纺织工会、上海内衣行业协会、江苏省针织行业协会、浙江省针织行业协会、江西省工业和信息化委员会纺织工业处、福建省纺织行业协会、山东省纺织服装行业协会、广东省纺织协会、武汉市针织工业协会等单位开展选拔等活动。广东张槎、福建晋江、江苏古里、浙江绍兴、浙江象山等集群地区还开展针对性训练，选拔出优秀选手参加省市预赛。中国针织工业协会专家进行现场指导。

第二期，6月，中国针织工业协会组织纬编工操作规程调研

行业专家分别对山东、江苏、福建、上海、广东等地进行调研，了解大圆机操作现

状，与一线操作工进行交流，了解企业技能人才队伍状况，与企业管理人员、技术人员、操作工人就纬编大圆机操作技术如何提升及企业操作工人队伍建设等问题进行了探讨。鉴于本次竞赛加大难度，在调研中，还组织对竞赛评分细节进行研判，特别是针对不同机型操作流程进行测试，图7-7为一种机型导纱嘴一个位置穿纱的情形。

图7-7 一种机型一个位置导纱嘴穿纱

第三期，6月，2017年纬编工职业技能竞赛培训教材印发

根据行业发展和企业状况，培训教材突出的主要内容包括针织基础知识、大圆机操作基本规程、白坯布质量评定办法及疵点成因等，同时编入有关行业标准和2017年竞赛规则及评分标准（草案）。

第四期，8月，上海针织企业备战纬编工竞赛

上海市纺织工会通过《纺织工运》杂志、上海市纺织工会公众微信号、纬编工微信群等渠道，及时将大赛的信息传递给相关单位，推进选拔工作，为选手参赛做好服务工作。企业积极动员纬编工参加竞赛，进行赛前培训。根据选手在实际操作中遇到的技术问题，上海市纺织工会选派富有经验的师傅，依据教材进行针对性辅导。

第五期，10月，山东选拔赛

10月18～20日，由山东省轻工纺织工会委员会、山东省纺织服装行业协会共同主办的山东省选拔赛在青岛举行。操作考核包括换错针、穿纱套布、找错纱、盖三角等四个环节。参赛选手单项和总成绩都创造了纪录，部分选手在操作过程中使用的先进手法，为纬编工操作技术进步带来了诸多借鉴。

第六期，10月，广东选拔赛

广东省选拔赛于10月24～26日在佛山市安东尼（国际）有限公司举办，来自广东省针织行业龙头企业的62名行业精英同台竞技，角逐桂冠。机型采用单面机和双面机，比赛项目有穿纱套布、换错针、盖三角、找错纱。竞赛项目设置符合当地行业实际，也与全国决赛接轨。广东省纺织协会从2003年开始，先后组织粗纱工、细纱工、织布工、保全工、服装制作工、经编机工、电脑横机工、纬编工等职业技能大赛。

第四章 谋求决赛精彩

一、决赛项目

（一）决赛项目

穿纱套（引）布，换错针，盖三角，找错纱。

（二）决赛机台配备

比赛用纱：40英支精梳棉，20旦氨纶。机台转速：20r/min；转向：逆时针。面料组织：纬平针和双罗纹（各机台密度一致）。单面排针：高低踵1隔1；双面排针：棉毛对位。

二、决赛过程

本次竞赛决赛在特大型企业举行。理论考试（图7-8）、实操考核（图7-9）展现了选手的良好状态和水平。参赛选手在多种机型上演练，行业专家为选手设计优化操作流程，指导选手减少无效动作，鼓励选手学习和演练技巧。

图7-8 理论考试

图7-9 实操考核

三、优胜与获奖

1. 部分优胜选手

前18名：1.杨帆，青岛即发集团股份有限公司；2.肖永杰，山东桑莎制衣集团有限公司；3.江保龙，青岛颐和针织有限公司；4.宫升云，即发集团有限公司（青岛即发集团控股有限公司）；5.于昌盛，青岛即发集团股份有限公司；6.宋修磊，青岛即发集团股份有限公司；7.黄燕婷，福建凤竹集团有限公司；8.刘小青，南通泰幕士服装有限公司；9.刘长伟，山东魏桥恒富针织印染有限公司邹平分厂；10.钟焯兴，高明东盈纺织有限公司；11.林锦豪，佛山市东成立亿纺织有限公司；12.张领娣，山东魏桥恒富针织印染有限公司魏桥分厂；13.孙允海，青岛贵华针织有限公司；14.梁泽江，佛山市东成立亿纺织有限公司；15.袁烽原，肇庆四会东岳纺织有限公司；16.赵术委，诸城密莎集团有限公司；17.陈伟雄，佛山市安东尼针织有限公司；18.郭家潘，泉州海天材料科技股份有限公司。

2. 优秀教练员

单春艳，青岛即发集团股份有限公司；**王坤**，山东桑莎制衣集团有限公司；**宋立松**，青岛颐和针织有限公司；**徐孝硅**，青岛即发集团股份有限公司；**毛绍奎**，福建凤竹集团有限公司；**章兵**，南通泰幕士服装有限公司；**张艳红**，山东魏桥恒富针织印染有限公司邹平分厂；**谭志光**，高明东盈纺织有限公司；**叶锦华**，佛山市东成立亿纺织有限公司；**于波**，青岛贵华针织有限公司；**卢洁玲**，佛山市安东尼针织有限公司；**朱国红**，泉州海天材料科技股份有限公司。

图7-10所示为部分优胜选手，图7-11所示为部分获奖裁判员、教练员。

图7-10 部分优胜选手

图7-11 获奖的裁判员和教练员

第五章 推广操作视频

一、针织操作视频定义与用途

开展操作视频拍摄的尝试与推广是竞赛的一项工作。2014年开始拍摄新版视频，图7-12为2014年视频拍摄中规范操作讲解的情形。截至2017年12月，已推出初、中、高三个级别视频样本的第1版和第2版，在部分产业集群和企业推广。

（一）定义

1. 拍摄范围

由操作工使用规范的工具，采用规范的方

图7-12 2014年纬编操作视频拍摄中规范操作讲解的情形

法，根据行业多年形成的操作规程，在不同机型（包括单面与双面，提花与非提花），采用多种原料，进行纬编工操作流程，特别是关键环节的操作演示。

2. 基本属性

（1）规范性。展示正确的操作方法，对多年形成的经验进行总结。

（2）科学性。操作方法有利于提高操作速度，适应各种机型，适应各类产品生产。

（3）完整性。一项操作的完整性、全部操作的完整性。

（4）可持续性。不断完善各机型的操作，提高指导行业的价值。

（二）用途

1. 员工培训的教材

员工培训特别是新工人培训，采用视频模式既规范又高效。

2. 行业交流的资料

企业与行业操作技术交流，采用视频模式是一种有益探讨。

3. 职业院校的教材

学生拓展学习、规范掌握专业技能，采用视频模式是一种科学探讨。

4. 其他用途

长期探讨，包括拍摄渠道、方法，拓展规范性、科学性操作的前瞻性探讨。

二、视频内容

（一）机器

通过外观拍摄、部位特写与布面效果特写的方式，介绍单双面机、单双面提花机、罗纹机、毛巾机、卫衣机、吊线机机型，介绍大圆机主要部件结构：纱架、储纱器、喂纱嘴、输线盘、针筒、卷布架、控制面板，详细介绍织针、沉降片、三角。

（二）操作

采用基本操作与配音结合方式，特写与慢动作结合，解读交接班、执行工艺、巡回、处理疵点及掌握机台运转状况、用纱状况等过程，重点解读穿纱、套布、落布、换针、排针等操作方法，鼓励操作工养成良好的操作习惯，图7-13为2017年决赛后补充拍摄优秀选手操作的情形。

图7-13 2017年决赛后补充拍摄优秀选手操作的情形

第八篇 2018年中国技能大赛：
全国纺织行业"睿能杯"
横机工职业技能竞赛

通过总结以往横机操作竞赛的经验，确定本次竞赛的选拔过程突出操作技能、制板及工艺设计与应用的综合培训，为培养全能型、复合型人才提供可行方案。由针织专家和横机制造专家组成的"横机机器制造与运转操作互进研究"小组，开展数字化、智能化机型先进操作法的普及等系列行业行动，为各级职业教育提供支持。

第一章 深入的选拔

竞赛历时8个多月。经过各级选拔，参加省级决赛的选手超过400名，最后代表行业最高水平的50名选手进入全国决赛。主要事件如下：

1. 2018年4月，2018年中国技能大赛——2018年全国纺织行业职业技能竞赛启动

4月10日，竞赛启动仪式在浙江省海宁市举行，仪式上发布竞赛组织创新方案。

上海、江苏、浙江、福建、广东、宁夏、新疆等省市自治区纺织协会、人力资源部门和工会组织分别成立竞赛组委会，各地针织产业集群开展竞赛组织工作。

2. 2018年5月，中国针织工业协会组织横机工操作状况专项调研

为配合竞赛，中国针织工业协会组织起草横机工操作竞赛项目和评分标准草案。4~5月，协会组织专家分别对江苏、浙江、广东、上海、福建等地企业进行了横机工操作状况专项调研，进行探讨，对竞赛规则进行试套。

3. 2018年5月，纺织行业职业技能鉴定考评员和职业技能竞赛裁判员培训班举办

5月11~14日，2018年全国纺织行业职业技能鉴定考评员和职业技能竞赛裁判员培训班在北京举办。近70人参加了培训，其中18人将作为横机工竞赛全国决赛的裁判员。学员们学习了裁判员执裁心理学相关知识、《国家职业技能鉴定教程》等课程。试卷由中国就业培训技术指导中心从考评员和裁判员国家题库中抽取并组织阅卷。

4. 2018年5月，横机工职业技能竞赛规则草案发布

5月14日举行的竞赛规则研讨会上，与会代表一致认为，本次竞赛规则草案体现操作

的科学性和指导生产的实用性，体现了提高技能水平的竞赛目的。一致肯定规则在原有基础上突出理论知识培训，反映操作工解决实际问题的能力和横机操作的系统性。

5. 2018年5月，横机工职业技能竞赛工作进度安排印发

中国针织工业协会印发2018年竞赛工作进度安排初稿，各相关省市纺织、针织行业协会，根据本地实际情况制订相应的工作方案。上海市纺织工会、上海内衣行业协会、江苏省针织行业协会、浙江省针织行业协会、福建省纺织协会、广东省纺织协会、宁夏回族自治区经信委新技术推广站等单位按照全国竞赛规则草案制订本地区选手选拔方案。

6. 2018年7月，中国针织工业协会组织专家到浙江调研

7月10～12日，为深入了解本次竞赛规则草案的实施情况，浙江省针织行业协会、桐乡市濮院羊毛衫职业技术学校和中国针织工业协会专家对嘉兴、宁波、绍兴等地进行了调研。调研中专家逐条讲解竞赛规则、评分标准，讲解横机工操作与产品质量的对应关系、横机工操作方法与电脑控制系统的调节知识以及相关的设计知识等。

7. 2018年8月，宁夏回族自治区举办横机工职业技能竞赛预赛

由宁夏回族自治区纺织行业特有工种职业技能鉴定站主办的"2018宁夏纺织行业横机工职业技能竞赛"于2018年8月28日在中银绒业公司落下帷幕。李彦红、苏金秀、吴海涛等操作工成绩优秀。鉴定站组织专家对宁夏参加决赛的12名选手进行培训，争取在全国总决赛中取得优异成绩，为庆祝自治区成立60周年做出纺织行业的一份贡献。

8. 2018年9月，东莞市纺织服装学校开展竞赛培训活动

9月1～3日，广东省东莞市纺织服装学校组织学生和相关企业的操作工，对2018年"睿能杯"竞赛项目进行针对性训练。具有丰富操作经验的朱学良老师为参加培训的操作工和学生讲解了本次竞赛沿用的行业教材《横机操作教程》和2018年横机操作工培训教材相关知识，对竞赛操作导向进行解读。朱学良老师认为，这样的大赛对所有参赛选手、教练员、裁判员都是一个很好机会，在这个平台上有着现在国内最先进的技术和行业内顶尖专家，形成了一个超实用的"朋友圈"；通过比赛交流，还可以发现自己的价值，看到自己的不足。竞赛还可以帮助学校看得更远，看得更清，使专业更接地气；学生参赛能提高自信心，有助于更早地规划职业。

9. 2018年9月，2018年横机工职业技能竞赛决赛单项奖确定

根据组织行业专家讨论结果，竞赛组委会决定全国决赛设立两个单项奖，具体项目是"穿纱"和"调整密度"。"穿纱"项目要求选手熟练掌握电脑横机穿纱线路及多根纱线排列基本规律，掌握不同纱线穿纱技巧，熟练纱线张力调节，确保编织顺利进行。"调整密度"项目要求选手了解针织物的基本性能，掌握针织物密度的判定测试方法、电脑横机度目值输入调节方法等。

10. 2018年10月，广东举办横机工竞赛预赛

10月14～17日，2018年广东省纺织行业"澄海杯"横机工职业技能竞赛暨全国选拔赛，在广东鸿泰时尚服饰股份有限公司举办。竞赛名次：第一名，广东伽懋智能织造股份有限公司曾境柱；第二名，广东伽懋智能织造股份有限公司游泽鹏；第三名，汕头市天辉毛织制品有限公司高焕敏。行业专家点评：自我统筹，独立思考；相信自己，胆大心细；一时得失，置之度外；平常功夫，临场发挥；职业素养，重在培育。图8-1所示为广东预赛现场。

图8-1　广东预赛的现场、外景及宣传栏

11. 2018年10月，企业宣传竞赛，重视竞赛荣誉，重视技能人才培养

截至10月底，省市预赛结束。企业认为，竞赛设置的流程以及办赛场地、设备等接近生产实际，对企业操作有直接指导意义；竞赛推行行业培训，选拔优秀人才，提出技能导向，产生了良好的示范效果。不少企业采用多种形式，宣传近年来省市和全国职业技能竞赛中取得的荣誉，宣传企业技能培育取得的成果。图8-2所示为企业设置的参加省市选拔赛和全国决赛的宣传栏，展示得奖情况。

图8-2　企业参加竞赛宣传栏

第二章　专业的体现

一、教材重在融合

参照《电脑横机操作教程》（林光兴、金永良、张国利等编著，2016年版、2017年版），简化编写针对竞赛的"2018年中国技能大赛：全国纺织行业横机工职业技能竞

赛"培训教材。随着装备技术不断进步，横机操作工不仅需要常规实操技能，而且对工艺技术素养、产品设计素养的要求也有所提高。

（一）从编织难度较大的织物入手展开培训

竞赛的培训及选拔体现多种织物生产操作。

1. 提花组织

提花组织是将纱线垫放在按花纹要求所选择的某些针上进行编织成圈，未垫放不成圈，形成浮线，处于织针后面。提花织物根据组织结构有单面和双面之分，有素色和多色之分，还有提花毛圈针织布、提花罗纹针织布等。原料有低弹涤纶丝、锦纶弹力丝、腈纶纱、棉纱和混纺纱。提花花纹清晰、图案丰富、结构稳定、延伸性和脱散性较小。

2. 复合组织

复合组织是由两种或两种以上的织物组织复合而成。它可以由不同的基本组织、不同的变化组织、不同的花色组织复合而成。复合组织可以根据各种组织的特性复合成所要求的组织结构。罗纹组织与平针组织复合成罗纹空气层组织，双罗纹组织和平针组织复合而成双罗纹空气层组织。不完全罗纹与平针组织复合形成点纹组织。提花组织与集圈复合，形成提花集圈，正、反面可用不同纱线，正面花色效应明显。

3. 网眼组织

利用线圈与集圈悬弧交错配置，形成网孔效应，又称珠地织物。按照平针线圈与集圈悬弧数目相等或不相等但相差不多的方式，交替跳棋式配置，形成多种珠地织物。在罗纹组织的基础上编织集圈和浮线，形成菱形凹凸状网眼效应，这种织物透气性好。

4. 毛圈组织

毛圈组织是由平针线圈和带有拉长沉降弧的毛圈线圈组合而成。一般由两根纱线编织，一根纱线编织地组织，另一根纱线编织带有毛圈的线圈。毛圈组织可分为普通毛圈组织和花色毛圈组织两类，同时还有单面和双面之分。普通毛圈组织沉降弧都形成毛圈，花色毛圈仅在一部分线圈中形成。单面毛圈组织仅在织物工艺反面形成毛圈，双面毛圈组织在织物的正反面都会形成。

5. 衬垫组织

衬垫组织是以一根或几根衬垫纱线按一定比例在织物的某些线圈上形成不封闭的悬弧，而在其余的线圈上呈浮线停留在织物反面。地纱编织衬垫组织的地组织，衬垫纱在地组织上按一定的规律编织成不封闭的悬弧或浮线，从而形成衬垫组织。衬垫组织主要用于生产绒布，进行拉毛，使衬垫纱线成为短绒状。

6. 添纱组织

添纱组织是指针织物的一部分线圈或全部线圈由两根或两根以上纱线形成的组织。添纱组织一般采用两根纱线进行编织，因此当采用两根不同捻向的纱线进行编织时，既可消除纬编针织物线圈纵行歪斜现象，又使织物厚薄均匀。添纱可分为素色和花色两大类。素色指所有的线圈都是由两根或两根以上纱线形成，其中面纱处于织物正面，地纱处于织物反面。花色指仅有部分线圈进行添纱。

7. 彩横条等组织

横条纹效应是采用不同种类的纱线组成各个线圈横列而形成的。利用色纱交织或不同性能的纱线交织后染色而形成的色彩横条效应。可采用基本组织或与花色组织结合，其性能与所采用的组织相同。

8. 具有纵条效应的组织

纵条效应主要是利用组织结构变化的方法形成的。由集圈组织、罗纹式复合组织、双罗纹式复合组织、衬垫组织等可形成纵条效应。利用集圈组织形成的纵条纹效应宜用于春秋衫面料；利用罗纹抽针浮线组织、罗纹集圈浮线组织等可在织物表面形成纵向凹凸条纹效应，罗纹抽针浮线组织的横向延伸性小，尺寸稳定性好；利用胖花组织，可在织物表面形成纵向凹凸条纹效应，胖花组织的外观像灯芯绒。

（二）针织用纱的基本要求

对针织用纱有常规和特殊两类要求，一般要求如下：

（1）具有一定的强度和延伸性，以便能够弯纱成圈。

（2）捻度均匀且偏低。捻度高易导致编织时纱线扭结，影响成圈，而且纱线变硬，使线圈产生歪斜。

（3）细度均匀，纱疵少。粗节和细节会造成编织时断纱或影响布面的线圈均匀度。

（4）抗弯刚度低，柔软性好。抗弯刚度高，即硬挺的纱线难以弯曲成线圈，或弯纱成圈后线圈易变形，通常纱线要经过络纱打蜡。

（5）表面光滑，摩擦系数小。表面粗糙的纱线会在经过成圈机件时产生较高的纱线张力，易造成成圈过程中纱线断裂。

二、规则来自生产

竞赛规则草案从5月推出，在指导企业、区域及省市培训和选拔工作中不断完善，决赛前正式推出评分办法终稿，见表8-1。

表8-1　2018年中国技能大赛：全国纺织行业横机工职业技能竞赛评分方法

项目介绍	竞赛规则	质量检查内容	扣分
1. 换错针（27分）基准时长180s ±1分/≠0.1s 超过320s不计成绩	保全工按裁判员要求，前针板（针板的一半区域内）换两枚大头针，后针板（与前针板同侧的一半区域内）换一枚大头针，前针板中一枚位置在第一块压针齿条范围内。选手按计时器，按下安全按钮，找出三枚错针，方法不限，将前针板中的一枚错针换上正确织针，另两枚错针推起即可（其余织针针头不得超出沉降片）。关闭安全门，按计时器结束	1. 按计时器后、操作前未按下安全按钮	10分
		2. 未全找出或找错（取消时间加分）	9分
		3. 未换针（取消时间加分）	9分
		4. 扎手，碰伤手	5分
		5. 没有关闭安全门	5分
		6. 使用金属器具开闭针舌	5分
		7. 压针齿条没有复位（包括齿条挡片）	2分
		8. 换下错针未放在指定位置（显示器上方置物板）	2分
		9. 更换后未装好（与底脚针未连接）	5分

项目介绍	竞赛规则	质量检查内容	扣分
2. 调整密度（25分） 基准时长200s ∓0.1分/±2s 超过350s不计成绩	机台保全起150针，按抽签标注的三个不同的度目值，分别编织各50行的三个织片，织片下机。裁判员告诉选手第一、第三块织片的度目值。 选手按下计时器，分析织片密度，将第二块织片的度目值输入，点击第七段—功能输入度目值—确认—复制，按下计时器，保全工开机织好织片，计时重启，选手再次分析织片密度，如果确认按下计时器，结束；如果不确认，再次录入度目值，按下计时器，结束	每相差1个度目值扣分 （确认错误取消时间加分）	5分
3. 穿纱（6根纱）与接纱（4个纱筒）（48分） 基准时长450s ∓0.1分/±3s 超过790s不计成绩	起底弹力纱1个纱筒（纱嘴自定），废纱涤纶丝1个纱筒（纱嘴自定），编织用纱棉纱线4个（纱线支数32/2英支）纱筒，共三种6个纱筒及4个纱座放在机台的左侧，纱筒纱头及纱座摆放位置选手自己做准备，按计时器，按下安全按钮，拿纱，放纱，起底弹力纱放在尼龙纱架上，废纱纱筒位置自定，棉纱线放在纱座上，纱线引出按工艺流程及上机表穿纱，并保证在穿纱结束后，在此基础上增加纱嘴数量时均不会产生纱线交叉，经上送纱控制装置—导纱器—织针（**挑线簧、清纱器的缝隙应有调节**），适当调节拉簧按钮使侧跳线簧有适当张力，所有纱线打结在所用纱嘴之下不脱离（**比赛过程中断纱不计，纱线应该固定或夹纱**），纱嘴归位于乌斯档座，关闭安全门。选手把已穿好的4只棉纱在纱筒与导纱环之间剪断，然后用"十"字结结好。按计时器结束。开启捕结器，检测纱结大小	1. 按计时器后、操作前，没有按下安全按钮	5分
		2. 棉纱线没有放在纱座上	1分
		3. 起底弹力纱没有放在尼龙纱架上	1分
		4. 增加纱嘴数量时会引起交叉（所有纱线穿满的情况下）	2分
		5. 纱线交叉	10分
		6. 不符工艺路线（每个穿纱工艺点）	1分
		7. 没有张力调整	1分
		8. 完成后上跳线簧有亮灯	1分
		9. 纱嘴没有归位	1分
		10. 没有关闭安全门	5分
		11. 纱结不能通过纱结捕结器	1分
		12. **试织织片时出现破边破洞**	5分
		13. 纱线兜底	1分
		14. 纱结纱尾超过1cm（含毛羽）	1分
		15. 筒纱轴心未对准导纱钩	1分
		每条穿纱线路累计扣分不超8分	

注 最高成绩不超过本项基准成绩10%（如换错针最高29.7分）；下划线部分为研讨后改进环节。

三、试题要求全面

横机工职业技能竞赛理论知识试题（部分）

一、填空题

1. 单面针织物用**单针床**编织的织物，双面针织物用**双针床**编织的织物。

2. 电脑横机主要分为**成圈**，**不成圈**，**集圈**，**脱圈**，**翻针**，**横移**等几个基本动作。

3. 蚕丝产品具有独特的**丝鸣**效果。

4. 针圈不匀一般有**同行内**和**上下行**的线圈大小不匀两种。

5. 接纱时，接头通常使用**十字**结。

6. 横机类针织物必须达到pH值，**甲醛含量**，**禁用偶氮染料**，**异味**等国家纺织产品基本安全技术规范强制性标准的要求。

7. 领纱时要核对纱线的**品种**，**色号**，**批号**，**重量**等。

8. 机器运转时，必须**关闭防护罩和安全门**，防止人身伤害。

二、判断题（正确的打"√"，错误的打"×"。错答、漏答均不得分，也不反扣分）

（×）1. 单面平针组织上下往反面卷边。

（√）2. 组织结构相同、使用同一纱线，密度松的针织纬编面料比密度紧的针织纬编面料更容易起毛、起球。

（√）3. 浮线越过织针不编织。

（×）4. 2×1罗纹弹性小于四平组织。

（×）5. 所有纱线都可以直接上机编织，不用络纱打蜡。

（√）6. 通常横机的机号越高，使用的纱线越细。

（×）7. 接错纱时电脑横机可以显示有故障出现。

（×）8. 稀密针的形成只和织针有关。

（√）9. 筒纱成型不良可引起断纱。

（×）10. 花针出现与织针有关，与三角无关。

（√）11. 电脑横机编织前先要调整电子张力器及左、右侧张力器装置上的张力。

（×）12. 同一品种在不同的电脑横机上编织，度目值应该相同。

三、单项选择题（请从备选项中选择一个正确答案填写在括号中，错选、漏选、多选均不得分，选错不扣分）

1. 下列选项中哪个不是针织物的特性？（D）

A. 纬斜性　　　　　　　B. 脱散　　　　　　　C. 钩丝　　　　　　　D. 定形性

2. 属于单面针织物的是（C）。

A. 四平空转　　　　　　B. 1×1罗纹　　　　　C. 平针组织　　　　　D. 单元宝

3. 下列组织中最易脱散的是（C）。

A. 畦编组织　　　　　　B. 2×2罗纹　　　　　C. 平针组织　　　　　D. 经平组织

4. 常用公支表示纱线细度的是（A）。

A. 羊毛   B. 氨纶   C. 涤纶   D. 锦纶

5. 弹性和延伸性最好的纤维是（B）。

A. 羊毛   B. 氨纶   C. 涤纶   D. 黏胶纤维

6. 以下哪种部件不是安装在电脑横机针床上？（D）

A. 挺针片   B. 弹簧片   C. 织针   D. 探针

7. 织针在（D）时下降到最低点。

A. 退圈   B. 垫纱   C. 闭口   D. 成圈

8. 压针三角除了起压针作用之外，还起（B）作用。

A. 起针   B. 移圈（翻针）   C. 接圈   D. 选针

9. 织针有轻微变形可导致的疵点是（B）。

A. 横条   B. 花针   C. 油针   D. 断纱

10. 可引起稀密针的选项是（D）。

A. 歪针   B. 粗纱   C. 针槽有污物   D. A+C

11. 横条产生的原因是（D）。

A. 原料混批使用   B. 错纱   C. 张力不一   D. A+B+C

12. 下列选项中不属于后整疵点的是（C）。

A. 黄斑   B. 擀毡   C. 云斑   D. 极光

13. 从罗纹组织过渡到大身组织，为什么罗纹组织最后一行密度要放松？（A）

A. 利于翻针   B. 方便缝盘   C. 节约时间   D. 衫片美观

14. 衣片检查在以下哪种情况需要重新测量尺寸？（D）

A. 换色   B. 换毛纱   C. 纱线换批号   D. A+B+C

四、简答题

1. 简述横机编织主要编织元件及成圈过程。

2. 根据图示写出疵点名称并说明产生原因及消除方法。

3. 根据"V"领背肩（平肩）后片工艺单图，填不同部位的转数和针数。

4. 根据提供纱板，指出由天然纤维构成的纱线、由化学纤维构成的纱线、属于单丝的纱线、属于复丝的纱线、纱线细度为30公支两合股纱线、某一纱线的细度。

第三章　圆满的决赛

一、优胜选手（前30名）

1. 游泽鹏，广东伽愗智能织造股份有限公司；2. 杨跃芹，广州市纺织服装职业学校；3. 曾境柱，广东伽愗智能织造股份有限公司；4. 高焕敏，汕头市树业毛织有限公司；5. 张磊强，宁夏中银绒业股份有限公司；6. 马晓军，宁夏中银绒业亚麻纺织品有限公司；7. 李彦红，宁夏中银绒业纺织品有限公司；8. 代娇龙，宁夏特米尔羊绒制品有限公司；9. 朱海涛，宁夏荣昌绒业集团有限公司；10. 白玲娟，宁夏中银绒业职业技能培训学校；11. 王丹丹，宁夏中银绒业职业技能培训学校；12. 郝君玲，新疆天山纺织服装有限公司针织厂；13. 曹艳娥，汕头市树业毛织有限公司；14. 马海娟，宁夏荣昌绒业集团有限公司；15. 夏浩志，汕头市天辉毛织制品有限公司；16. 苏秀金，宁夏中银绒业纺织品有限公司；17. 郭伟，内蒙古鹿王羊绒有限公司；18. 杨建军，上海塔汇针织厂；19. 高丽，江苏省无锡富士时装有限公司；20. 燕学青，新疆天山纺织服装有限公司；21. 张玉龙，内蒙古鹿王羊绒有限公司；22. 杨书帅，上海诚尚纺织品服饰有限公司；23. 李思慧，东莞市纺织服装学校；24. 杨苹，宁夏中银绒业亚麻纺织品有限公司；25. 吴昊，宁夏中银绒业毛精纺制品有限公司；26. 何荷，江苏省无锡富士时装有限公司；27. 吴海涛，宁夏中银绒业股份有限公司；28. 马小英，宁夏中银绒业羊绒服饰有限公司；29. 何累，张家港市时盛针织服饰有限公司；30. 朱广燕，常熟市新港毛衫织造有限公司。

二、竞赛技术概况

预赛涌现出一批代表当地最高水平的操作能手。不少选手还是担任教练员的企业技术骨干，具有良好的创新精神。进入决赛的50名选手多为从事一线工作多年的熟练工，其中近半数的选手拥有10年以上横机操作及相关工作经验，拥有15年以上工作经验的选手有15名。

横机工竞赛是操作技术的风向标。竞赛过程中为操作工、教练员搭建了各种层面的交流平台，集中对参赛选手进行培训，为参赛选手提供增加理论知识、提高专业技能的机会，对横机基本工艺、组织结构、产品质量分析、操作规程与岗位职责等进行讲解，对电脑横机的发展趋势做了展望，还就针织产品开发趋势做了全面介绍。

本次竞赛开展了一系列技术提升活动，让选手了解机台结构和相关原理，以赛促练、促学。竞赛也做一些改进，例如，决赛项目增加了操作流程图解，增强了竞赛规则的完整性和竞赛过程的公正性。图8-3所示为全国决赛穿纱项目穿纱线路图。

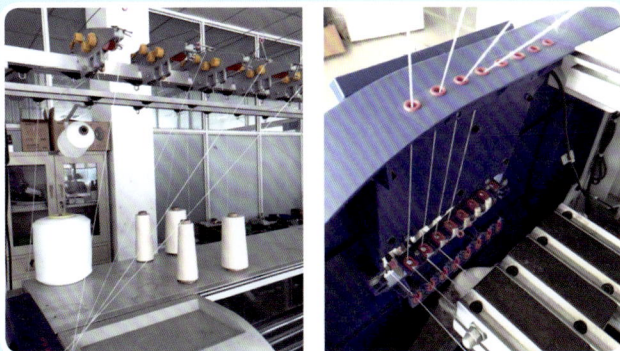

图8-3　全国决赛项目穿纱线路图（局部）

三、决赛图片传真（图8-4）

赛前讲解，深入浅出

适应机器，成竹在胸

虚位以待，整洁考场

奔赴赛场，意气风发　　　　　　　　准备入场，信心十足

拼搏赛场，手脑并用

图8-4

高手表演，吸引大家

赛后评判，不折不扣

操练是最好的放松（领操的可是副总裁判长）

图8-4　决赛图片传真

第九篇　2019年中国技能大赛：全国纺织行业"佶龙杯"经编工职业技能竞赛

经编行业在先进技术与先进设计大普及的推动下，形成产品与需求的高效互动，出现了传统产品普遍提升与高端产品加速普及的良好局面。经编行业操作工队伍必须围绕产品品种拓展与质量保障，提高操作水平和操作效率。

针对经编行业技术含量较高、产品用途拓展迅速，新设备、新技术对于操作工素质要求也较高的特点，竞赛从运营管理、培训选拔等多方面，继续推进针织行业1996年提出的技能人才建设战略，同时推出技能人才培育新的模式。总结针织行业2011～2018年开展的8次高水平全国竞赛的组织运营经验，提出未来竞赛运营完善方法。

第一章　竞赛的组织

一、强化竞赛运营管理

1. 裁判员

正式施行执裁督察制度；推行高水平执裁。

2. 选手

坚持操作规范性，坚持全能型操作人才培养；以赛代练，以赛带练。

3. 组织者

深度总结行业培训；深入探索技术交流。

二、完善针织行业技能竞赛"3·2·1"工作模式

主要是推进竞赛工作模式化、模块化，推动技能人才工作的科学化、高效化。

（一）三项任务

1. 培训

培训各地操作工（包括教练员、裁判员）队伍——层级培训，开展从企业、区域、集群到省市培训多层级培训。

2．选拔

选拔优秀技能的人才——万里挑一，各级选拔推出综合技能突出的操作能手，产生优秀的裁判员、教练员，培养竞赛组织人员群体。

3．引导

引导行业对先进操作法的普及与交流，对操作工队伍的优选与推优工作。

（二）两条主线

1．推行行业职业技能标准

纬编工、经编工职业技能标准，1996年开始推行，这些标准是制造业最早的行业技能标准之一。

2．推广先进操作理念和方法

设备进步：精度、高效、功能、多规格、低碳，自动化、网络化、智能化；

工艺完善：生产工艺、产品用途。

（三）一个流程

一个围绕技能人才培育、历时大约10个月竞赛周期的流程，包括几个方面：竞赛筹备与组织实施；规则起草与教材编写；考评员、裁判员培训；行业培训与规则试套；各级宣传与省市选拔；全国决赛与晋级表彰。

第二章　人才的培育

竞赛围绕技能人才培养这一主线有序进行，出现了新气象：培训与竞赛相结合、基础操作与新技艺相衔接，形成全面联动的新局面。

一、竞赛实施贵在稳步推进

竞赛实施过程中几个关键节点：

（1）2019年4月开始，行业专家普及行业知识。教材沿用《经编操作基础教程》，针对本次竞赛的主要内容从4月初开始印发。从针织及经编等多角度培训操作工的专业知识体系。

（2）2019年5月开始，举办裁判员培训，开展操作新技术交流研讨，竞赛渐入佳境。

（3）2019年6月开始，岗位练兵、行业培训。各地培训都按照国家职业技能标准中高级（国家职业资格三级）的要求，采用多种机型进行针对性培训，高度树立安全操作、文明生产的意识。

（4）2019年7月开始，技艺展示、层层选拔。选拔活动在各地全面展开，三项基本操作（接纱与找换错纱、基本穿纱与复杂路线穿纱、找坏针与换坏针）做到技术熟练、速度快、质量高。产业集群参赛企业数量达到80%，参赛企业的选拔人数一般超过操作工总数的80%，选拔分为班组、工段、车间层面。

（5）2019年10月开始，技术交流、成果推广。操作技能和理论知识的全面提升是操作工队伍建设的关键。竞赛中先进操作和管理方法成果斐然，智能化、数字化设备操作技术全面普及。

二、规则完善贵在适应机型

在选拔过程中，组委会推出纺织行业经编工职业技能竞赛规则示范稿（表9-1），各地可以根据不同机型进行规则修改。各地普遍对不同机型的操作竞赛优胜者都给予奖励。

表9-1 2019年中国技能大赛：纺织行业经编工职业技能竞赛规则（示范稿）

项目一：接纱与换错纱（基准得分：50分）				
比赛条件	比赛规则	评分标准（6根纱未完成5根或14根纱未完成11根，不作时间加分）		
		初定评分	质量	评分
原料：涤纶长丝（规格待定，预赛自定，50旦或70旦）盘头：21英寸设置2~4只程序1：底梳错纱更正。由两名工作人员在底梳的分纱箱与导纱针之间设置错纱（交叉2根，断漏2根，双错穿2根），合计6根，由选手找出错漏之处，接好纱后穿纱，予以更正程序2：面梳勾纱。由工作人员在面梳的导纱针处剪断14根纱（0.5英寸），选手可以一次或多次点动快车，使纱线从盘头退绕下来达到足够长度后，用钩针逐一勾入导纱针内	选手准备工作完成后，示意裁判员，按下计时器，比赛开始比赛步骤：1. 完成程序1、程序22. 如果出现设置之外的其他断纱或纱线交叉等，选手必须处理好3. 开出布面不少于5cm，按下停车按钮4. 把工具放到指定位置，把废纱、双面胶等废料扔到指定位置（垃圾桶）5. 停机并按停计时器，比赛结束比赛要求：1. 打结标准：接好纱线尾巴不得超过3mm，纱结必须通过导纱针眼2. 比赛过程中不得将穿纱笔、穿纱片、剪刀等工具用嘴挟，穿纱笔不用时，钩子必须套上笔帽，且放到工作服口袋或指定位置。说明：裁判员设置的纱线交叉、断漏、双错的位置不一定完全相同，但是长度、角度要求基本一致	操作基准时长总和为3.5~4.5min−（0.15~0.22）分/+1s+（0.17~0.22）分/-1s	1. 6根纱：漏错穿纱、断纱	−5分/根
			2. 14根纱：漏错穿纱、断纱	−3分/根
			3. 开出布面不足5cm	−3分
			4. 机台开出布面出现破洞	−5分/处
			5. 布面断纱、多纱、漏纱	−5分/处
			6. 程序1不接纱，而是直接开出长布	−3分/处
			7. 其他断纱或交叉	−2分/根
			8. 工具未摆放好	−6分
			9. 废料未处理	−2分/处
			10. 违反安全操作规程	−10分

项目二：穿纱（基准得分：30分）				
比赛条件	比赛规则	评分标准（质量扣分≥18，不作时间加分）		
		初定评分	质量	评分
原料：涤纶长丝（50旦或70旦） 头数：588根（1个盘头），共2个 盘头：21英寸常规盘头，整经时，每隔10m纱线贴好一层布基胶（保障纱线顺畅，节约比赛时间） 实际竞赛程序： 在裁判员监督下，选手将纱线拉到适合自己操作的可穿纱长度，根据自己习惯设置穿纱角度（可请工作人员协助调节）。按规定的位置，把同一轴上的两个盘头纱线满穿在一把梳栉上	选手示意裁判员准备完成，启动计时器，比赛开始 比赛步骤（两个盘头穿一把梳）： 1. 选手先按停止按钮（2个） 2. 统一将纱线满穿分到面梳的分纱筘上，穿好钢丝 3. 将纱线满穿到指定的梳栉上，并将纱线打结 4. 把工具放到指定位置，把废纱、双面胶等废料扔到指定位置（垃圾桶） 5. 按停计时器，比赛结束 比赛要求： 1. 比赛过程中不得用嘴挟穿纱笔、穿纱器、剪刀等工具 2. 穿纱笔不用时，钩子必须套上笔帽，且放到工作服口袋或指定位置 3. 拉动盘头及穿入防跳纱钢丝时，选手必须独立操作，不可找他人协助	操作基准时长为5~8min∓（0.11~0.15）分/±1s	1. 纱线擦盘头边	-1分/根
			2. 一个分纱筘内多分	-2分/根
			3. 导纱针漏纱或多穿的	-3分/根
			4. 纱线不打结	-3分
			5. 工具未摆放到规定的位置	-3分
			6. 废料未处理	-3分

项目三：换坏针（基准得分：20分）				
比赛条件	比赛规则	评分标准（质量扣分≥12，不作时间加分）		
		初定评分	质量	评分
由工作人员统一在固定的织机针件区域内设置坏针（包括弯头、抬头、歪斜、缺针头）10枚，每枚坏针相隔2min以上 每位选手比赛完后，由专职裁判员和专职工作人员负责更换坏针。	选手示意裁判员准备完成，启动计时器，比赛开始。比赛步骤（两个盘头穿一把梳）： 1. 找出坏针，并用规定的纸条标记在坏针的左侧 2. 更换规定区域内的2枚坏针 3. 工具放到指定位置 4. 按下计时器，比赛结束 说明：由选手与裁判员共同检查找出的坏针和更换上的新针	操作基准时长不定 －（0.15~0.20）分/+1s ＋（0.15~0.22）分/-1s	1. 漏标坏针	-3分/枚
			2. 错标坏针	-3分/枚
			3. 工具未摆放至正确的位置	-3分

注 1. 每个项目扣分均按扣完为止的原则，得分取小数点后两位。
2. 比赛过程中出现违反安全生产的情形，裁判示意停止后依然操作，该单项成绩以零分计。

三、技术比武贵在拓展形式

技术比武从4月开始，借鉴纬编操作，融合不同机型操作，从基础做起，开展专业与行业交流，多维度展示操作精髓。图9-1~图9-3所示分别为各地进行理论知识学习、加强基础训练、展示技法情形。

（一）群众性大比武

技术比武成为区域性练兵的一项内容，比武之中发现不足，比武之中优选方法，比武之中总结经验。

经编操作与圆机操作、横机操作有着相通之处，行业专家在一些综合性集群地区推广经编、纬编操作法。

（二）高端比武

选拔能够体现单项较高水平的选手进行演练，突出优秀操作法的演练和高端交流，展示操作工良好的精神风貌，培养人才培育的良好风气，产生良好的示范效应。

精细操作在行业专家指导下推行多年。本次竞赛作为培训与比武的重要内容，在产业集群推行，对提高操作质量发挥了重要的作用。

图9-1　各地参赛选手加强理论知识学习，是大亮点

四、各地选拔贵在突出特色

本次竞赛狠抓预赛和选拔环节的培训，各地围绕技能，以"预赛项目难于决赛"为指导，分层次多环节选拔、多次选拔，提升竞赛水平，各地践行"3·2·1"工作模式，形成一定的特色。

（一）江苏特点：突出机型、因地制宜

江苏选拔在生产绒类经编产品的挡车操作方面进行狠抓操作培训，加强对外交流，选拔中结合行业标准进行规范操作。已经形成较为完善的绒类机型操作法。

（二）浙江特点：突出演练，讲求重点

预赛、培训、选拔融入企业的日常生产中，协会与主管部门深入探讨企业产品质量与操作工的整体素质的关系。已经形成较为完善的高速类机型操作法。

（三）福建特点：突出综合，培育全能

克服机型多、规格多、面料产品多的难点，把选拔当成提高产品质量的一种措施，针对关键操作法，开展行业交流。已经形成较为完善的花边类机型操作法。

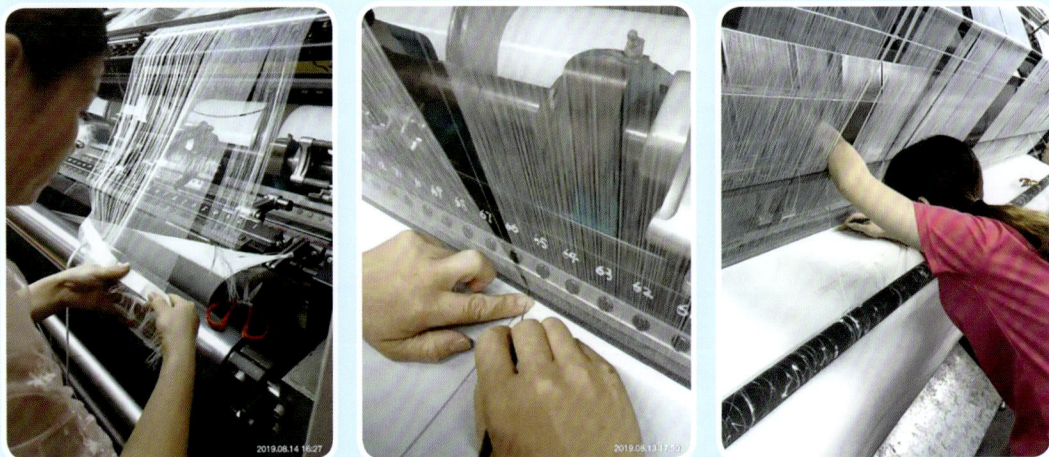

图9-2 平常加强训练基本技法，严谨认真

图9-3 优秀操作工演示技法，认真细致，动作规范

（四）广东特点：突出流程，全面推进

选拔形式多样，考核操作的全流程，决赛中有效统一预赛规则，充分发挥善于操作不同机型选手的水平。已经形成较为完善的高速类机型操作法。

各地竞赛的共同特点是推进全能型操作工培养。

　　各地选拔赛都按照全国决赛的模式和程序进行，图9-4、图9-5分别为福建选拔赛、广东选拔赛的场面。

图9-4　福建选拔赛现场

图9-5　广东选拔赛现场

五、竞赛模式贵在落地生根

　　正式指导全国竞赛的"3·2·1"工作模式始于2011年的纬编行业竞赛，也在近三届的经编行业竞赛中应用。这一模式的精髓在于开展专业化协作、促进理论结合实际、造就实用型人才，模式还体现在规则的机上试套、机台的精细化调试。

　　（1）开展专业化协作。提出竞赛规则，并反复试套到区域推广；企业培训组织、区域选拔到省市预赛，都凝聚参赛人员的辛勤劳动，既体现求真务实的科学态度，也体现甘于奉献的协作精神。例如，浙江队与福建队的切磋，既有共同具有优势的高速机操作的切磋，又有各具优势的其他机型操作的交流；既有挡车技术的交流，又有技能培训方面的协作。福建队与广东队的交流，则重点切磋穿纱、调整织针、调节纱线张力等操作的速度与质量，展示不同的操作方法与技巧等。

　　（2）完善竞赛的公正性。为完善选拔赛规则，促进选手水平得到充分发挥，各地尽量按照全国决赛的水准和不同机型的要求准备机台。选拔赛与决赛前，工作人员对竞赛用机台、纱线配置等进行细致检查，裁判员、保全工根据规则调试机台和试操作。各地选拔鼓励采用多种机型，高度重视机台的精确设置。图9-6所示为广东某集群选拔赛设置的机器运行状态。省市预赛在固定选拔赛所用机型的前提下重视决赛之前机器状态的一致性。图9-7和图9-8所示为福建预赛前对机台进行换针项目和穿纱项目赛前最后核验。

图9-6 广东某集群选拔赛设置的机器运行状态

图9-7 福建预赛换针项目的最后核验

图9-8 福建预赛穿纱项目的最后核验

（3）造就实用型人才。竞赛着力推出一批德才兼备的教练员、裁判员。魏子忠教练员（图9-9）是行业著名专家，长期指导一线操作工，取得丰富的执教经验，在多来的行业竞赛中指导大批选手，赢得广泛好评。陈建刚裁判员（图9-10），多次执裁全国决赛，多年指导区域竞赛，积累了丰富的执裁经验，一丝不苟、精益求精的敬业精神深刻影响着裁判组。一批裁判员、教练员在竞赛筹备与执裁中成长。广东程涛、刘宏伟，福建倪海燕、郑贤勇、陈雪梅、陈雪红，浙江谈农、田坤，四川雷励就是优秀裁判员的代表。多年的竞赛造就了一支赛事组织的专业化队伍。

"3·2·1"工作模式在指导竞赛中得到不断完善，也推动竞赛工作的创新与提升，多家业内外媒体详细报道本次竞赛的创新做法，图9-11为《中国纺织报》报道本次竞赛。

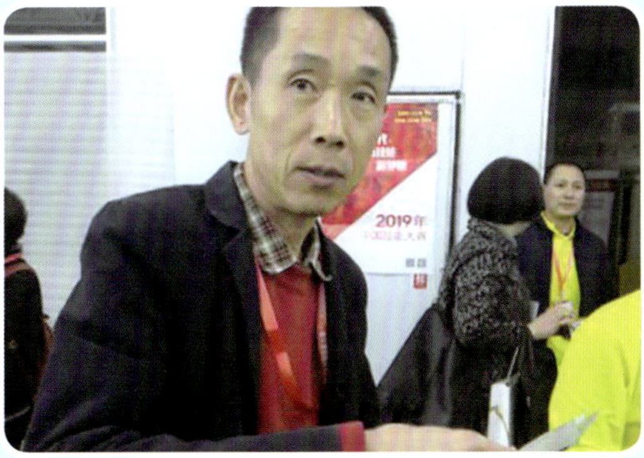

图9-9　魏子忠教练员

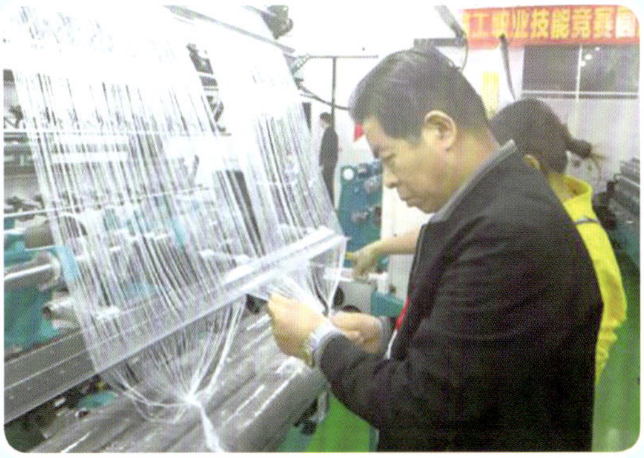

图9-10　陈建刚裁判员

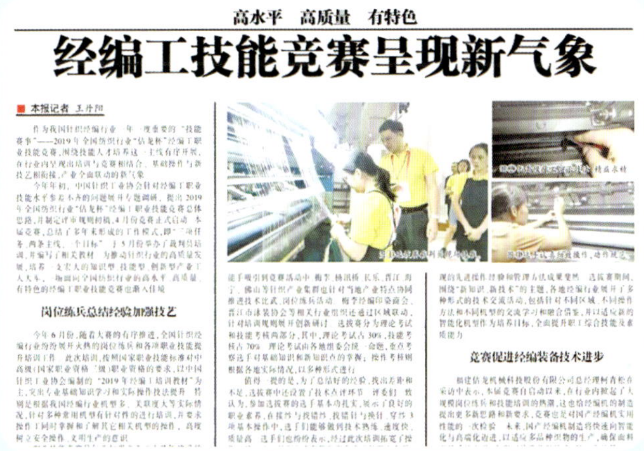

高水平　高质量　有特色

经编工技能竞赛呈现新气象

本报记者 王丹阳

作为我国针织经编行业一年一度重要的“技能赛事”——2019年全国纺织行业“信龙杯”经编工职业技能竞赛，围绕技能人才培养这一主线有序开展，在行业内呈现出培训与竞赛相结合、基础操作与新技艺相衔接、产业全面联动的新气象。

今年年初，中国针织工业协会针对经编工职业技能水平参差不齐的问题展开专题调研，提出2019年全国纺织行业“信龙杯”经编工职业技能竞赛总体思路，并制定评审规则初稿，4月份竞赛正式启动。本届竞赛，总结了多年来形成的工作模式，即“三项任务、两条主线、一个目标”。于5月份举办了裁判员培训，并编写了相关教材。为推动针织行业的高质量发展，培养一支宏大的知识型、技能型、创新型产业工人大军，一场面向全国纺织行业的高水平、高质量、有特色的经编工职业技能竞赛也渐入佳境。

岗位练兵总结经验加强技艺

今年6月份，随着大赛的有序推进，全国针织经编行业纷纷展开火热的岗位练兵和各项职业技能提升培训工作。此次培训，按照国家职业技能标准对中高级（国家职业资格二级）职业资格的要求，以中国针织工业协会编制的“2019年经编工培训教材”为主，突出专业基础知识学习和实际操作技法提升。特别是根据我国经编行业机型多、关联度大等实际情况，针对多种常用机型有针对性的进行培训，并要求操作工同时掌握和了解其它相关机型的操作，高度树立安全操作、文明生产的意识。

……选手吸引到竞赛活动中。梅李、杨汛桥、长乐、晋江、海宁、佛山等针织产业集群也针对当地产业特点协同推进技术比武、岗位练兵活动。梅李经编印染商会、晋江市泳装协会等相关行业组织还通过区域联动，针对培训规则展开创新研讨。选拔赛分为理论考试和技能考核两部分，其中，理论考试占30%，技能考核占70%。理论考试由各地组委会统一命题，重点考察选手对基础知识和新知识点的掌握；操作考核则根据各地实际情况，以多种形式进行。

值得一提的是，为了总结好的经验，找出差距和不足，选拔赛中还设置了技术点评环节。评委们一致认为，参加选拔赛的选手基本功扎实，展示了良好的职业素养，在接纱与找错纱、找错针与换针、穿纱3项基本操作中，选手们能够做到技术熟练、速度快、质量高。选手们也纷纷表示，经过此次培训拓宽了操……

……现的先进操作经验和管理方法成果斐然。选拔赛期间，围绕“新知识、新技术”的主题，各地经编行业展开了多种形式的技术交流活动，包括针对不同区域、不同操作方法和不同机型的交流学习和融合借鉴，并以适应新的智能化机型作为培养目标，全面提升职工综合技能及素质能力。

竞赛促进经编装备技术进步

福建信龙机械科技股份有限公司总经理柯青松在采访中表示，本届竞赛自启动以来，在行业内掀起了大规模岗位练兵和技能培训的热潮，这也给经编机的制造提出更多新思路和新要求，竞赛也是对国产经编机实用性能的一次检验。未来，国产经编机制造将快速向智能化与高端化迈进，以适应多品种织物的生产，确保面料……

图9-11　《中国纺织报》报道本次竞赛创新特色

第三章　决赛的成果

人才兴，则国兴。操作工队伍素质提升是行业高质量发展的重要条件。技能提升是行业的大事，贵在体现长期推动纺织行业人才培养的信心。通过技能竞赛的系列活动不断总结新技术、新技法，对于经编生产企业乃至整个经编行业都是一个重要促进。

竞赛给经编机的制造提出新的思路和更高要求，经编机向智能化和高端化迈进，适应多品种优质生产，也对操作工提出新的要求。竞赛创造了共同提升的好机会。

一、拍摄操作演示视频

在本次竞赛决赛中，行业专家组织多种非竞赛项目的操作演示，如图9-12、图9-13所示的调针距、系列换针（包括沉降片、导纱针）的操作演示；组织竞赛项目的多种操作方法的演示，如图9-14所示的针对不同机型穿纱的多种操作方法的演示，如图9-15所

图9-12　调针距的操作演示

图9-13　系列换针（包括沉降片等）的操作演示

图9-14　穿纱的操作演示

图9-15　换针的操作演示（第一步）

示的找坏针、换织针、调整织针的操作演示。

　　这些演示是今后操作方法的导向。行业专家决定，演示过程结合行业专家在一些大型企业拍摄的操作流程初步制作成视频，在一些集群地区推广，同时决定近几年在继续推行先进操作方法的同时，整理推出较为完整的操作视频，作为企业培训、行业培训、部分职业院校培训的辅助教材，大力推进行业操作方法的完善与提升。

二、优胜选手及优秀教练员

1. 优胜选手（前6名）

　　1. 沈雅明，宏达高科控股股份有限公司；2. 沈芬仙，浙江华昌纺织有限公司；3. 华小叶，浙江万方安道拓纺织科技有限公司；4. 曾美缘，华宇铮蓥集团；5. 王银海，海宁市盛星经编有限公司；6. 胡隆沙，纳川纺织实业有限公司。

2．优胜选手（7~50名）

7. 沈国利，宏达高科控股股份有限公司；8. 陆卫玉，泰光化纤（常熟）有限公司；9. 徐红梅，常熟市群英针织制造有限公司；10. 董金芳，福建省长乐市欣美针纺有限公司；11. 吴翠珠，广东德润纺织有限公司；12. 魏敏，常熟市群英针织制造有限公司；13. 许琴华，海宁市春晟经编有限公司；14. 钱洪玉，海宁市宏光针织有限公司；15. 李静，福建省长乐市建欣提花有限公司；16. 施晓桃，劲派经编科技有限公司；17. 俞红娟，浙江华昌纺织有限公司；18. 徐婷婷，福建天阳纺织有限公司；19. 许茂梅，信泰（福建）科技有限公司；20. 吴仕钦，福建永丰针纺有限公司；21. 蔡春芳，广东德润纺织有限公司；22. 虞建洪，浙江万方安道拓纺织科技有限公司；23. 何长连，劲派经编科技有限公司；24. 汤惠娟，浙江门市新会彩艳实业有限公司；25. 温秀芝，常熟市昌盛经编织造有限公司；26. 徐月，浙江超达经编有限公司；27. 耿明冬，泰光化纤（常熟）有限公司；28. 王雪，广东壕鑫实业有限公司；29. 林燕平，福建永丰针纺有限公司；30. 张加琴，海宁万联经编有限公司；31. 高天花，广东壕鑫实业有限公司；32. 朱群燕，海宁市新朋经编有限公司；33. 李秀密，元丰（泉州）纺织有限公司；34. 李爱，东莞超盈纺织有限公司；35. 徐敏琴，浙江海宁美力针织有限公司；36. 庄英梅，华宇铮鎏（福建）集团；37. 魏小慧，福建省长乐市建欣提花有限公司；38. 刘云倩，元氏永信经编有限公司；39. 林彩霞，福建真原花边有限公司；40. 杨娟，福建省长乐市欣美针纺有限公司；41. 明玉萍，福建天阳纺织有限公司；42. 罗满凤，互太（番禺）纺织印染有限公司；43. 曹静，上海新纺联汽车内饰有限公司；44. 梁少静，德庆泰禾实业发展有限公司；45. 何满莲，福建真原花边有限公司；46. 宋树桃，石家庄七彩针织有限公司；47. 许秀芬，德庆泰禾实业发展有限公司；48. 崔霞，山东针巧经编有限公司；49. 董朋朋，山东针巧经编有限公司；50. 朱文亮，元丰（泉州）纺织有限公司。

3．优秀教练员

陈国明，宏达高科控股股份有限公司；**沈峥非**，海宁市人力资源和社会保障局；**姚钟秀**，浙江省中纺经编科技研究院；**陈雪梅**，晋江市华宇铮鎏集团；**肖贤清**，广东德润纺织有限公司；**黄赟**，苏州跃之晟经编织造有限公司；**陈建刚**，宿迁市群英纺织印染科技有限公司；**郑贤勇**，福建省长乐市欣美针纺有限公司；**肖浩声**，浙江海宁经编生产力促进中心；**沈一俊**，浙江省中纺经编科技研究院；**李鼎英**，福建省长乐市建欣提花有限公司；**洪祖炼**，劲派经编科技有限公司；**沈裴华**，海宁市马桥街道总工会；**杨学斌**，福建天阳纺织有限公司。

三、决赛图片传真

竞赛文化继续传承，参赛选手集体操（图9-16）已是行业传统，还有各种单项交流、立体交流……

图9-16　参赛选手集体做操

图9-17为决赛现场的精彩瞬间。这里是决赛现场，经编企业和经编机制造企业联合策划，经编、经编机制造、技能培育和相关领域的专家共同打造，这是技艺展示的舞台，是技术交流的平台。

调试好的决赛机台，由参赛选手试机，并进一步完善

此时无声胜有声

图9-17　决赛现场的精彩瞬间

第十篇 2020年全国行业技能大赛：全国纺织行业"日发杯"纬编工职业技能竞赛

针织行业以灵活多变的工艺为基础，涵盖织造、印染、成品加工等全产业链，近20年来加速普及先进实用技术，加速推动要素体系完善，形成新的综合优势。"十四五"期间，针织产品将继续以服饰用、家用、产业用等多种形式，以时尚化、个性化、品牌化、功能性等多种趋势，为国内外广大消费者提供广阔的服务，为推动消费升级和相关产业提升做出重要贡献。2015～2025年是针织强国建设的匀速推进时期。

科技的针织、时尚的针织、绿色的针织已经步入高效、优质发展的新时期。

第一章 立足行业背景

一、行业面临形势

（一）"十三五"期间主要成绩

1. 产业结构优化

针织上下游的互动提效；时尚化的高端针织品产销稳步推进。

2. 科技进步加速

行业科技创新与研发力度加大，节能减排相关先进装备、工艺和技术，有效提高产品加工效率，对行业可持续提供支撑。技术的系列化推进继续夯实行业基础。

3. "三品"战略落实

供给侧结构性改革继续推动针织行业产销衔接与转型升级，通过增品种拓展市场空间、提品质增强消费信心、创品牌提升市场认可度。

（二）对于存在不足的破解

行业存在不配套、不完善问题，包括技术、设计和高技能等人才短缺现象，需要加强针织各类人才培养，包括操作工队伍的继续提升。

二、"十四五"行业主要导向

（一）消费为导

1. 刺激消费

针织产品具有广阔市场空间，多类消费者轮流成为消费主力。针织品市场的广度和深度不断推进，激励企业创新研发和产品跨界应用，针织产品优化不断刺激着消费热点的产生。

2. 提升品牌

在不同的针织产品细分领域，充分研究不同消费场景、不同用途，开发适销对路产品。关注消费多样化，关注新业态、新渠道的变化与发展，培育新增长点，形成新的动能。在此基础上，推进品牌多样化、渠道细分化，做好引领时尚和展现文化工作。

（二）科技为基

1. 流程高效化

针织生产流程短长结合，自动化程度越来越高，技术设备推动产品创新。与此同时，关键技术、实用技术的普及应用，特别是体系化创新成果的产业化，正在推动生产方式的变革，使生产向精细化、细分化以及生产流程的高效化、专一化拓展。

2. 生产智能化

智能制造进一步推广，云制造、协同制造、个性化定制逐步在针织生产中加速推进。针织生产的信息化、智能化管理，将进一步降低对一线劳动者数量的依赖。

（三）人才为先

1. 培育复合人才

行业对跨学科、跨专业的高素质复合型人才，对懂原理、会操作的高技能人才的需求日益增加。行业人才需求结构变化，大力培育"品牌+管理+营销""设计+工艺+营销""技能+管理"等复合型综合人才是导向。

2. 创新人才工作

人才工作需要完善的方面：开展行业性培训与交流，特别是实操人才能的联合培训；完善人才协作机制，推进人才选拔与合理使用；等等。

第二章　固化竞赛模式

提出针织行业技能竞赛"3·2·1"工作模式的新定位（正式推出提升版）。

一、三项任务

问题：技能的价值在哪里？如何实现？

破解：温故知新，重在前沿技术；授之以渔，贵在操作方法。

（1）培训。培训各地操作工队伍，着眼于综合与长远。

（2）选拔。选拔优秀技能人才，着眼于专业与全能。

（3）引导。引导行业普及与交流，着眼于坚持与长效。

二、两条主线

问题：要达到什么目的？

破解：先进实用的操作法，代表技术方向的技术装备。

（1）推行行业职业技能标准。以1996年版为基础修订的2008年版、2013年版等。

（2）推广先进操作理念和方法。针对智能化设备和不同工艺流程完善操作法。

三、一个流程（工作进度表，历时7～10个月）

问题：效率如何最高化？

破解：因地制宜，因时制宜，优化流程。

竞赛筹备与组织实施流程化；规则起草与教材编写模式化，教材编写依据行业教材《纬编操作工职业技能培训教程》（即《大圆机操作培训教程》）；考评员、裁判员培训专业化；行业培训与规则试套专业化（分机型、分产品）；各级宣传与省市选拔体系化；全国决赛与晋级表彰制度化。

第三章　创新培训方法

从2018年开始，针织行业技能标准普及采用新的模式：操作技能的常规普及（随着机器的技术进步而完善）与重点普及（培训技术路线）。

一、操作技能的常规普及

重点是标准中的高级技师核心内容。

（一）挡车

1. 编织操作

能对纬编机操作规程提出指导意见，总结和创新操作法；能进行新型纱线、特种纱线的编织操作；根据光坯布的工艺要求和颜色、纱线、机台等因素发生改变时，能提出对毛坯布编织工艺参数的修正意见，使之仍符合光坯布的工艺要求。

2. 新产品试制

能对新产品的编织工艺参数的可行性提出意见；能分析总结新产品试制过程中的疑难问题，并提出试制和工艺改进方案；能根据纬编织物各项物理指标，染整和成衣缝纫排版的要求，参与编织工艺的制订和修正。

（二）质量检查

质量检查是产品质量的保障，重点是对织物外观疵点的控制。

1. 疵点分析

能提出预防、消除各种因素对坯布质量的影响措施；能分析生产车间辅助工序对产品质量的影响，对辅助工序管理与操作进行指导；能进行纬编面料的常规检查。

2. 质量改进

能根据疵点分析，提出纬编质量持续改进的措施和操作改进的重点；能定期总结纬编车间现场操作和产品质量状况；能进行纬编操作全面质量管理小组活动中织疵的分类统计和织物质量分析。

（三）设备维护

1. 设备检查

能检查设备维修后的运转状态；能分析设备运转异常情况，并提出相应解决措施。

2. 设备保养

能审定纬编及辅助设备维修计划有关挡车方面的内容；能根据设备运转状况，提出纬编设备定期重点维修的内容，并与设备负责人商定维修方案。

（四）管理与培训

1. 技术管理

能进行技术革新，推行节能降耗，不断提高劳动生产率；能编制生产计划，参与车间生产管理；能进行纬编原料消耗管理；能进行车间清洁生产的管理。

2. 技术培训

能系统讲解纬编机械设计与电子控制技术的最新进展知识；能编制两种纬编机型相应模块的培训计划和大纲；能对各级操作工进行业务培训；能审定操作培训计划和教学大纲。

二、重点技术路线培训

（一）挡车

（1）纱线（包括特种纱线）性能的保护→编织工艺的完善→操作技能的保障；

（2）纱线产品分析→织物产品分析→操作与工艺流程分析。

（二）质量检查（质量保障）

质量分析（针对纱疵、织疵）→质量控制（针对纱线、坯布）→质量优选（针对工艺、产品）→生产流程改进（针对管理、操作）。

（三）设备维护

机台操作（涉及各类机型、规格及部件、机件）→与设备互动（涉及修理、调试、保养）→完善操作流程。

（四）管理与培训

（1）操作管理完善→生产管理完善→企业管理完善。

（2）操作培训→员工培训→企业管理。

第四章　优化决赛规则（规则演进过程）

在总结预赛的基础上，确定最具代表性的四个项目作为决赛项目，总分100分，每项25分。

一、排针（单面机）

（一）操作时间

参考基准时间：90s，∓0.1分/±3s，超过180s不计成绩。

（二）操作程序

高低踵针1隔1排列，保全工打亮纱灯，以挺针最高点为中心抽出其中9枚针，跑道外设挡板（可改为：保全将三角座放回，不拧螺丝，避免保全取针时不小心碰到不该取下的针，这样不设挡板），将高低踵针各5枚放在针袋内。选手入场，检查织针、高低踵针排列，确认织针、三角座及工具放置位置，按计时器开始计时，打亮纱灯两路；根据织针排列顺序将9枚针插入针槽内，复原织针轨迹，放好三角座，拧紧螺丝，点动（手动）机器，机台正常运转超过操作位置一周停机，按停计时器，结束比赛。保全工开车15转以上，裁判员检查并核对。

（三）扣分标准（表10-1）

表10-1　排针扣分标准

序号	内容	扣分
1	用金属工具开针舌	2分/次
2	出现撞针	25分
3	没有完成排针	25分
4	没有按顺序排针	2分/枚
5	没用六角扳手长端紧固（取消时间加分）	2分/处
6	三角座未盖平	25分
7	三角座没有拧紧（三角座不晃动即可）（取消时间加分）	5分
8	强制开关不复位	8分
9	操作结束后，因选手人为操作失误出现的漏针（超过5cm）、洞眼	2分/枚
10	坏针	2分/枚
11	机台没有正常运转超过操作位置一周（取消时间加分）	2分
12	未点动或者摇动直接开机	5分
13	工具没有放回指定位置	5分/件
14	少打亮或未打亮纱灯	2分/路

二、穿纱（单面机）

（一）操作时间

参考基准时间：270s，∓0.1分/±4s，超过540s不计成绩。

（二）操作程序

保全工准备5个筒子纱放在落地纱架旁边，检查上一轮操作的离合器有没有复位。选手按下计时器开始计时，将纱筒放上纱架，并将每根纱线按顺序穿过各导纱勾和导纱孔，纱线在储纱器上缠绕20~30圈，将纱穿过沙嘴的导纱孔（不需要将纱线挂在针上）；储纱器离合器复位，点动后启动机器，开机正常运转超过操作位置一周，按停计时器，结束比赛。

（三）扣分标准（表10-2）

表10-2 穿纱扣分标准

序号	内容	扣分
1	漏上纱球	5分/个
2	漏穿导纱勾或导纱孔	1分/处
3	纱线在储纱器上缠绕圈数少于20圈或大于30圈	1分/处
4	储纱器离合器没有复位	1分/处
5	储纱器同步皮带未卡在同步轮内（有的选手拉起皮带转输纱器）	1分/个
6	机台没有正常运转超过操作位置一周（取消时间加分）	2分

三、套布（双面）

（一）操作时间

参考基准时间：290s，∓0.1分/±4s，超过580s不计成绩。

（二）操作程序

保全工在导纱架左侧第2路开始断3路纱，掉布宽为第一路压针最低点到第三路压针最低点，保留输线轮上的纱线，纱线一头留在储纱器下部。选手做准备工作，包括棉纱留头、捻纱，不能触动导纱器、针。按下计时器开始计时，打开针舌须用开针器（非金属）和毛刷，不允许用织针，套好后手动（点动）机器（按下强制开关，正常运转前复位，非选手造成的故障由裁判员计时扣除处理时间）；机台运转，布面操作口位置超过撑布架横杆位置，停机，取下辅助工具，按停计时器，结束比赛。

（三）扣分标准（表10-3）

表10-3 套布（双面）扣分标准

序号	内容	扣分
1	坏针（使用金属开针器引起的取消时间加分）、花针	2分/处
2	出现漏针（超过10cm）	8~25分
3	扎手	2~25分
4	刮针杆或用织针打开针舌（取消时间加分）	2分/处

序号	内容	扣分
5	储纱器档位或输纱带不复位	2分/处
6	强制开关不复位	8～25分
7	金属制品从针舌外拨开针舌	2分/处
8	机台没有正常运转，操作位置未开落到超过布撑横杆（取消时间加分）	8分
9	辅助工具未取下	5分/件
10	未摇动或点动而直接开机	5分

四、换错针（罗纹）

（一）操作时间

参考基准时间：60s，∓0.1分/±3s，超过120s不计成绩。

（二）操作程序

在撑布架中间位置换一枚错针（下针），布面出现直条，将疵点开出筒口位置停机，错针在针门位置对面（对面平针三角位置处，每位选手起始位置相同）。选手入场，做准备工作（检查织针质量，织针及工具放置位置），按下计时器开始计时，开启强制开关，点动机器，正常运转寻找错针；打亮纱灯两路，打开安全门；找出错针的位置，打开针门，换上正确织针，把错针放在针盒内，关上针门，拧紧螺丝，用六角扳手长端紧固；点动机器，机台正常运转到超过操作位置一周时，停机，按停计时器，结束比赛。

（三）扣分标准（表10-4）

表10-4 换错针扣分标准

序号	内容	扣分
1	未找出或找错（取消时间加分）	25分
2	出现撞针	25分
3	三角座未盖平	25分
4	三角座没有拧紧（三角座不晃动即可）（取消时间加分）	5分/处
5	没用六角扳手长端紧固（取消时间加分）	2分/处
6	强制开关不复位	8分
7	错针损伤（歪针杆/歪针头等）	2分/枚
8	错针没有放置在针盒内	1分/枚
9	未打亮纱灯	2分/个
10	机台没有正常运转超过操作位置一周（取消时间加分）	2分
11	未点动或者摇动直接开机	5分/处
12	未按顺序先打亮纱灯后再拆螺丝	2分
13	只打亮一路纱灯	2分
14	操作完成后工具未归位（如：扳手还插在螺丝位置）	5分/件

说明：

（1）最高加分不超15%～25%；基准时间按比赛实际调整，可微调。

（2）根据各地预赛情况确定决赛规则，采用不同颜色（黑、蓝、绿、红）表示演变过程，黑色：通常操作；蓝色：强化操作；绿色：关键（容易忽略）操作；红色：需最后强调的操作环节。

第五章　激发绝活展现

一、比赛流程

本次竞赛从选拔、预赛到决赛在组织形式和评判方法上都注重激发选手发挥出高水平。结果是：在智能化车间里开辟的决赛赛场上，绝活频频展现，精彩高潮迭起。

经过多年完善，决赛环节程序已经固定，主要包括：理论考试（图10-1）、现场布置（图10-2）、机台调试与仪器准备（图10-3）、裁判员抽签（图10-4）、选手抽签（图10-5）、选手练习与交流（图10-6）、选手实操与裁判员执裁（图10-7）、裁判员现场裁定（图10-8）、优胜选手表演（图10-9）、赛练之余（图10-10）、全体参赛选手合影留念（图10-11）等。

图10-1　理论考试：聚精会神

图10-2 决赛现场：虚位以待

图10-3 机器准备：计时器清零

图10-4 裁判员抽签：再保公平　　　图10-5 选手抽签：做好准备

图10-6　选手练习：不忘交流

图10-7　实操与执裁：都是主角

图10-8　当场裁定：以"理"服人

图10-9　优胜者表演：再现绝活

图10-10　赛练之余：彰显友谊

图10-11　选手合影：活力无限

二、竞赛点评

（一）操作进步

9年来，竞赛出现两个大的进步：

1. 选手操作的重点

（1）穿纱，重在手法正确——要求手脑并用；

（2）换针与找错纱，重在分析判断——要求适应多种机型；

（3）单面套布，重在掌握多种方法——要求熟练、正确处理各类产品；

（4）纱线张力等调节，重在维护生产工艺流程——要求与数字化、智能化、网络化接轨。

2. 执裁评判的重点

（1）穿纱，要求手法正确且速度快——采取各种方法且速度快；

（2）换针与找错纱，做到判定快而准——失误和出错较少，且操作速度较快；

（3）套布，鼓励各显其能——保证操作速度与产品质量结合；

（4）纱线张力等调节，做到综合判断——掌握操作的连贯性与高效性。

（二）竞赛点评要点

"海客谈瀛洲，烟涛微茫信难求。越人语天姥，云霞明灭或可睹。天姥连天向天横，势拔五岳掩赤城。天台四万八千丈，对此欲倒东南倾……"本次大赛技术点评，以天姥山的巍峨挺拔之势、诗人弘扬的思想境界，比喻行业技能成长、技能普及所达到的高水平，以及培育行业技能和相关人才的高质量。竞赛呈现出四大特点。

1. 从选手表现看，水平达到历届最高

从理论考试可以看出，选手普遍较好掌握基础知识，同时对于生产实际中的问题有独到、准确的见解。尽管实操考试扣分点多，扣分严格，但大部分选手操作规范，熟练程度高，失误率很低，因此扣分少。优秀选手的实操可以用"行云流水""一气呵成"来形容。竞赛中大家施展才艺，奋勇争先，展现出新时代行业工匠精神。

2. 从执裁效果看，能力达到历届最好

裁判员和领队、教练员等一起参与规则制订研讨，为完善竞赛规则做出贡献。同时设置比赛难点，突出要点，为提高选手技能创造条件。在此基础上逐级培训裁判员和教练员，提高裁判员的素养，拓展教练员的视野。各级选拔赛中，规则体现不同机型需要，强化操作的关键点、难点，这有助于人才的培养。

3. 从竞赛流程看，推行行业技能标准落实十分到位

竞赛周期长而过程周密，高效推行行业技能标准和先进实用的操作法。在规则的完善过程中开展岗位练兵、技术交流等活动，助力培育高技能人才。企业选拔、区域选拔到省市选拔分阶段、有序推进，专家分类、分区域指导，讲专业、求实效。

4. 从产业链互动看，为针织机械和原料开发等提出十分有价值的具体建议

决赛采用浙江日发纺织机械股份有限公司按比赛的要求设计制造的大圆机。决赛中，针织专家与针织机械专家开展互动，探讨大圆机制造的完善，特别是智能制造的完善。

附录　纺织行业纬编工、横机工、经编工职业技能竞赛全国决赛裁判员（2011～2020年）

说明：名字后括号内的数字表示参与竞赛执裁的年份，如"2011、2014"为参与执裁2011年、2014年竞赛。

一、纬编工（41名）

北京3名

雷宝玉（2011、2014），北京铜牛集团有限公司

张国强（2011、2014），北京铜牛集团有限公司

张永斌（2011、2014），北京铜牛集团有限公司

河北2名

曹亚桥（2011），石家庄常山纺织集团经编实业公司

王俊红（2011），石家庄常山纺织集团经编实业公司

上海4名

徐国忠（2011、2014、2017），上海针织九厂

杨　益（2014、2017），上海嘉麟杰纺织品股份有限公司

刘必亭（2020），上海三枪（集团）有限公司

茅利新（2020），上海三枪（集团）有限公司

江苏4名

魏福宝（2011、2014），无锡中天针织有限责任公司

吴鸿烈（2011、2014），江苏AB集团股份有限公司

朱建静（2011、2014、2017、2020），常州老三集团有限公司

苗其好（2017、2020），常州老三集团有限公司

浙江5名

卢华山（2011、2014、2017），杭州职业技术学院

袁菁红（2011、2014），杭州职业技术学院

曹爱娟（2017、2020），杭州职业技术学院

张伟军（2020），浙江日发纺织机械股份有限公司

翟自勇（2020），浙江日发纺织机械股份有限公司

福建5名

倪海燕（2011、2014、2020），闽江学院

王　平（2014、2017），泉州佰源机械科技股份有限公司

张慎炎（2014、2017），泉州佰源机械科技股份有限公司

毛绍奎（2014、2017、2020），福建凤竹集团有限公司

廖登榜（2020），泉州海天材料科技股份有限公司

山东8名

韩大鹏（2011、2014），青岛即发集团股份有限公司

武玉勤（2011、2014、2017、2020），青岛即发集团股份有限公司

徐孝硅（2020），青岛即发集团股份有限公司

张秀芹（2011、2014），日照海星针织服装有限公司

黄学水（2014、2017），济南元首针织股份有限公司

窦洪利（2020），济南元首针织股份有限公司

江海峰（2020），济南元首针织股份有限公司

于敦生（2020），青岛雪达集团有限公司

广东9名

程涛（2014、2017），广东工信科技服务有限公司

朱学良（2014），东莞市纺织服装学院大朗校区

黄武超（2014、2017），广东溢达纺织有限公司

吴官龙（2014、2017），佛山市东成立亿纺织有限公司

康庆援（2014），佛山市恒盛佳纺织有限公司

张兴晏（2014），东莞德永佳纺织制衣有限公司

夏钰翔（2017），佛山市亨特纺织有限公司

夏钰翔（2020），广东邦诚纺织科技有限公司

杨跃芹（2020），广州市纺织服装职业学校

朱运荣（2020），广东德润纺织有限公司

宁夏1名

何北宁（2014、2017、2020），宁夏职业技术学院

二、横机工（58名）

说明："2015制板"指参与2015年服装制板师（电脑横机）竞赛执裁。

天津1名

朱瑞花（2012），天津金泉赛闻毛衫有限公司

河北3名

唐开友（2012），河北省高阳县润彤服饰科技有限公司

叶明光（2012），清河澳维纺织品贸易有限公司

谢振旺（2015制板、2015），清河澳维羊绒制品有限公司

叶明光（2015），清河澳维羊绒制品有限公司

内蒙古2名

郭　伟（2011、2015制板、2015），内蒙古包头市鹿王羊绒有限公司

冯建华（2018），内蒙古包头市鹿王羊绒有限公司

上海5名

虞剑芬（2012），上海塔汇针织厂

张银华（2012），上海帝高时装有限公司

周立亚（2015制板），东华大学

陈　红（2015），上海京清蓉服饰有限公司

虞　翔（2015、2018），上海塔汇针织厂

江苏19名

吴鸿烈（2012、2015），江苏AB股份有限公司

魏福宝（2012、2015），无锡中天针织有限责任公司

周荣兴（2012、2015），无锡富士时装有限公司

邵耀康（2012），常熟红柿针织品有限公司

陆丽娟（2012），苏州市安琪儿毛衫织造有限公司

郭海斌（2012），江苏金龙科技股份有限公司

陈　飞（2012），江苏金龙科技股份有限公司

秦　飞（2012），江苏金龙科技股份有限公司

熊秋元（2012），江苏金龙科技股份有限公司

丁小燕（2012），江苏金龙科技股份有限公司

蒋傲霜（2012），江苏金龙科技股份有限公司

瞿艳清（2012、2015制板），江苏金龙科技股份有限公司

金作军（2015制板、2015），江苏金龙科技股份有限公司

黄　燕（2015制板），江苏金龙科技股份有限公司

黄健飞（2015制板、2018），江苏金龙科技股份有限公司

施　宇（2015），江苏金龙科技股份有限公司

吴寅杰（2015、2018），江苏金龙科技股份有限公司

武　凡（2015），江苏金龙科技股份有限公司

陈　军（2015），无锡富士时装有限公司

浙江9名

刘斌功（2012、2018），桐乡濮院羊毛衫职业技术学校

刘锦余（2012），桐乡市家盛服装设计有限公司

张雅金（2012），桐乡市嘉年华针织服饰有限公司

宗传英（2012），嘉兴市其民电脑针织服饰有限公司

张雅金（2015制板），桐乡濮院羊毛衫职业技术学校

相　杨（2015），桐乡濮院春秋羊毛衫厂

姚光远（2015），嘉兴其民电脑横机发展有限公司

吴　健（2015），桐乡濮院祥英针织制衣厂

张雅金（2015），桐乡家盛服装有限公司

张继堂（2015），桐乡濮院羊毛衫职业技术学校

宗传英（2018），桐乡濮院羊毛衫职业技术学校

卢华山（2018），杭州职业技术学院

福建4名

周跃武（2015制板），福州琪利软件有限公司

郭　亚（2015制板），福州琪利软件有限公司

倪海燕（2015），闽江学院

杨忆秋（2018），泉州睿能自动化科技有限公司

山东1名

武玉勤（2012），青岛即发集团股份有限公司

广东8名

张伍连（2012），广东省惠州学院服装系

朱学良（2012），广东省东莞市大朗职业中学

张子勉（2012、2018），汕头市天辉毛织制品有限公司

林绵辉（2012），广东伽懋毛织时装有限公司

文　珊（2012），五邑大学纺织服装学院

朱学良（2015制板、2015、2018），东莞市纺织服装学校

陈广南（2018），广东伽懋智能织造股份有限公司

杜细弟（2018），广东鸿泰时尚服饰股份有限公司

李勉娜（2018），广东新龙新服饰有限公司

陕西1名

张团善（2015制板），西安工程大学

宁夏4名

朱玉娟（2012），宁夏回族自治区轻纺工业局

魏晓娟（2012），宁夏轻工业学校

何北宁（2012），宁夏轻工业学校

魏晓娟（2018），宁夏职业技术学院

何北宁（2018），宁夏职业技术学院

眭　睦（2018），宁夏纺织行业特有工种职业技能鉴定站

新疆1名

阿尤甫·哈力克（2015制板、2015），新疆天山毛纺织股份有限公司

阿尤甫·哈力克（2018），新疆天山纺织服装有限公司针织厂

三、经编工（42名）

上海2名

许　蓉（2013），上海新纺联汽车内饰有限公司

孙碧霞（2019），上海新纺联汽车内饰有限公司

江苏9名

吴建芳（2013），常熟市群英针织制造有限责任公司

李建芳（2013），常熟市大发经编织造有限公司

虞桧红（2013），常州申达经编有限公司

唐兆根（2013），常州市润源经编运用工程技术研究中心有限公司

魏福宝（2013），无锡市丝绸研究所

吴鸿烈（2013），江苏AB集团股份有限公司

陈建刚（2016、2018），常熟市群英针织织造有限责任公司

黄　赟（2016、2018），常熟市昌盛经编织造有限公司

赵志初（2016），江苏常州市武进五洋纺织机械有限公司

浙江13名

张永烨（2013），浙江中纺经编科技研究院

计卫丰（2013），海宁市华创经编科技有限公司

李见芬（2013），浙江闻翔家纺服饰有限公司

夏介华（2013），浙江传奇家纺有限公司

罗安成（2013），浙江华欣家纺有限公司

王卫峰（2013），海宁市成达经编有限公司

杜以军（2016），浙江省中纺经编科技研究院

金建尧（2016），浙江华欣家纺有限公司

孙　禹（2016），嘉兴职业技术学院

田　坤（2016、2019），浙江省中纺经编科技研究院

肖浩声（2016、2019），浙江海宁经编生产力促进中心

周建龙（2016、2019），浙江省中纺经编科技研究院

陈旭龙（2016、2019），海宁市职业高级中学

福建7名

郑自建（2013），福建省长乐市欣美针纺有限公司

郑贤勇（2013、2016、2019），福建省长乐市建欣提花有限公司

陈雪梅（2019），华宇铮鋈（福建）有限公司

陈雪红（2019），劲派经编科技有限公司

丁金栋（2019），福建佶龙机械科技股份有限公司

谈 农（2019），福建佶龙机械科技股份有限公司

倪海燕（2019），闽江学院

山东2名

汪 霞（2013），山东日照汇丰网具有限公司

崔 霞（2019），山东针巧经编有限公司

湖南1名

严中华（2013），常德纺织机械有限公司

广东7名

肖贤清（2013、2016），广东德润纺织有限公司

刘宏伟（2013），广东德润纺织有限公司

童学飞（2013），鹤山美华纺织有限公司

李健军（2013），德庆泰禾实业发展有限公司

余水玉（2013），广州市纺织服装职业学校

杨跃芹（2016、2019），广州市纺织服装职业学校

刘宏伟（2019），广东壕鑫实业有限公司

程 涛（2019），广东工信科技服务有限公司

四川1名

雷 励（2016、2019），成都纺织高等专科学校